宠物知识 | 口令训练 | 互动游戏 | 用品 DIY

A Kid's Guide To Dogs

你好！小狗

亲子养狗全书

［美］雅顿·摩尔◎著　吴思哲◎译

U0242892

北京科学技术出版社

著作权合同登记号　图字：01-2022-3207

图书在版编目（CIP）数据

你好！小狗：亲子养狗全书 /（美）雅顿·摩尔著；吴思哲译. —北京：北京科学技术
出版社，2024.3
书名原文：A Kid's Guide to Dogs
ISBN 978-7-5714-2895-2

Ⅰ. ①你… Ⅱ. ①雅… ②吴… Ⅲ. ①宠物 – 驯养 – 儿童读物 ②犬 – 驯养 – 儿童读
物 Ⅳ. ① S865.3-49

中国国家版本馆 CIP 数据核字（2023）第 024782 号

策划编辑：王宇翔
责任编辑：张　芳
封面设计：李　一
图文制作：天露霖文化
责任印制：张　宇
出 版 人：曾庆宇
出版发行：北京科学技术出版社
社　　址：北京西直门南大街16号
邮政编码：100035
电　　话：0086-10-66135495（总编室）　　0086-10-66113227（发行部）
网　　址：www.bkydw.cn
印　　刷：北京宝隆世纪印刷有限公司
开　　本：787 mm × 1000 mm　1/16
字　　数：115千字
印　　张：8.75
版　　次：2024年3月第1版
印　　次：2024年3月第1次印刷
ISBN 978-7-5714-2895-2

定　　价：79.00元

致谢

感谢在我生命中出现的所有狗狗，它们让我成为一个更好的人。特别感谢陪伴我完成这本书的"汪星"伙伴——科娜，它是一只聪明可爱的杰克罗素㹴。

感谢热爱宠物的我的家人，特别是朱莉、德布、卡伦、凯文、吉尔和里克。

我要向所有的动物行为学家、宠物医生和专业驯犬师致以崇高的敬意。在过去的 20 年里，我了解到的所有关于狗狗的知识都源于他们。特别感谢马蒂·贝克尔博士、爱丽丝·蒙恩法内丽博士、杰米·米格代尔和布兰登·麦克米兰。

感谢所有爱狗狗的孩子，没有他们，这本书就不可能出版。特别感谢特丽·霍克斯和所有参加美国得克萨斯州爱护动物协会小动物夏令营的小朋友，是他们启发我创作这本书。

我要感谢斯托利出版社的工作人员，特别是本书编辑丽莎·海利，感谢他们 20 年来对我的信任。

最后，感谢出现在本书里的狗狗小明星：布鲁克斯、畅斯、奇科、奥丁、奥托、皮平和泰莎。

孩子，你好！

雅顿和科娜

如果你翻开了这本书，我相信，你和我一样，也是热爱小动物的人！

我最快乐的童年记忆之一就是，有一天，我的爸爸从动物收容所带了一只比格犬回家。我们给它起了个名字，叫克拉克斯。其实我并不知道当时我们为什么选择这个名字。

克拉克斯很快就成了我最好的朋友。每当我在森林里散步、在湖中划船和游泳时，它都会开心地陪着我。晚餐时，它还会趁我父母不注意，替我解决掉剩下的牛肝（我最讨厌吃牛肝了！）。克拉克斯是我的第一只狗狗，我永远都不会忘记它。

现在，我无比幸运地能和 3 只超级棒的狗狗一起生活，它们分别叫科娜、布乔和克利奥，它们每天都给我带来欢笑和新的认知。20 多年来，作为宠物行为顾问、宠物急救教练、广播节目主持人和作家，我一直尽我所能，传播与狗狗有关的知识。我认为我拥有这个世界上最棒的工作！

在本书中，我会和小向导——科娜一起为你提供指导。科娜是一只年轻快乐的杰克罗素㹴，我在美国圣迭戈的一家动物收容所领养了它。我对它一见钟情；它对我则是"一闻倾心"，嘿嘿！

刚开始，科娜只能听懂一个口令——"坐！"。但与我一同生活后，科娜听懂了几十种口令。科娜是只热爱学习的狗狗！它通过了美国养犬协会的第三等级服从性训练，并且在我们访问学校、医院和老年中心时，圆满地完成了治疗犬的工作。

科娜的官方头衔是"宠物安全官"，此外它还有个有趣的绰号——"冰激凌"。它陪伴我去美国各地旅行，在我举办的宠物急救培训和宠物行为讲座上配合做演示。

想不到吧，科娜曾经是只流浪狗，如今却作为狗狗"助教"，在我的教学课堂上大放异彩！

所有的狗狗都需要接受充分的训练，这么做很值得，它们既学会了新技能，又得到了和最爱的人（也就是你）一起探险和玩耍的机会。无论你是刚刚拥有一只狗狗，还是有一只陪伴你很长时间的狗狗，抑或是你只是喜欢狗狗，希望将来有一天能拥有一只狗狗，你都能从本书中获得一些建议和方法，从而让自己成为狗狗最好的朋友。接下来，开始有趣的学习之旅吧！

击爪！

科娜有话说

孩子，你好呀！要知道，如果没有我，就没有这本书。所以，在阅读时，你要多留意我的话。我憋了一肚子话，想在这本书中一吐为快！

目 录 Contents

狗狗是我们的好朋友

和狗狗一起生活是一件非常酷的事！狗狗可以成为你最好的朋友——它爱你，与你玩耍，陪伴着你，当你难过时依偎在你身旁。许多人都把狗狗视为家庭成员，我也一样。

毋庸置疑，狗狗让你的生活更美好。它平时看上去"没心没肺"，只对食物感兴趣，却永远能敏锐地感知你的情绪变化。它会做一些滑稽的动作，像小丑一样逗你开心。即便狗狗偶尔会咬烂你最爱的毛衣，或者为了上厕所把你早早叫醒，你也千万不要怀疑，你永远都是它心里最重要的人。

养一只狗狗不仅仅意味着你要给它喂食、陪它散步、给它梳毛。它不是人类，但也不是可以随意丢弃的玩具，你要时刻记得它是一只狗，并且尝试理解它的行为，这一点非常重要。狗狗和你一样，会闹情绪，会感到快乐和悲伤，会感到自信和害怕。

并非所有狗狗一生下来就接受了良好的训练，"讲文明、懂礼貌"，把你的狗狗培养成"三好狗狗"是一项艰巨的任务。这项任务就交给你啦！积极地引导狗狗、对它进行训练，是你能给它的最好的礼物。对狗狗进行严格的训练不仅能更好地保证它的安全，还能让所有家庭成员（尤其是狗狗）的生活变得轻松有趣！在第 3 章，我将教你如何训练狗狗。不过，在这之前，我们先来了解关于狗狗的小知识吧！

你是我在这个世界上最最最好的朋友！

3

让狗狗开心做自己

或许你已经和你的狗狗成了很好的朋友，但是你和狗狗的相处方式应该与你和朋友、兄弟姐妹的相处方式有所区别。

虽然狗狗很适应和人类一起生活（毕竟它们已经和我们人类一起生活了一万年），但它们还有许多我们需要特别关注和满足的需求。下面是你和狗狗共处时需要注意的 3 点，你一定要牢记在心！

家庭地位

要永远记住，狗狗是群居动物，它们迫切地想要并需要知道自己在家中的地位。就像你知道需要听父母的话一样，你的狗狗也要知道，它需要听你和你父母的话。

那么，怎样做才能赢得狗狗的尊敬和忠诚呢？方法就是扮演好仁慈的头领和食物保管员的角色。

必须让狗狗明白自己在家中的地位，否则后果很严重！狗狗如果不清楚自己在家中的地位，就会感到迷茫和害怕，经常狂吠，谁都管不住它；它还会乱咬东西，总想"离家出走"，甚至会攻击人。你一定不想看到这种情

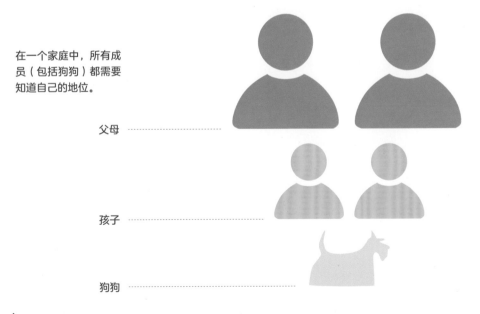

在一个家庭中，所有成员（包括狗狗）都需要知道自己的地位。

父母

孩子

狗狗

况吧！狗狗想要的是稳定的家庭结构和安稳的日常生活，那么，就给狗狗想要的东西！

狗狗什么都懂

你对狗狗说什么并不重要，你说话的语气才重要。狗狗对人类的情绪非常敏感：你如果朝它大吼大叫，它很有可能被吓得瑟瑟发抖；你如果表扬狗狗，它会开心得直摇尾巴。

相比人类解读狗狗动作的能力，狗狗解读人类情绪的能力可太强了！所以，和狗狗"聊天"时，一定要注意自己的语气！

我能分辨出你所说的每一句话的语气！

虽然我听不懂你说的话，但我觉得你好像生气了。

5

像狗狗一样思考

狗狗会十分努力地去理解人类的行为。举个例子，拥抱是人类表达爱的方式。但在狗狗的世界里，拥抱是具有威胁性的动作，虽然你的狗狗能够为了你忍受拥抱，但它还是会本能地感到威胁。对狗狗而言，你温柔地挠挠它的前胸或者抚摸它的后背是更惬意的事。要想把你的狗狗培养成"三好狗狗"，一个要点就是尊重它并满足

科娜有话说

我们和人类已经和睦相处了很长、很长的时间！没有人能够准确地知道这段时间有多长，但大多数科学家都认为，早在距今一万年的新石器时代，人类就将我们视为捕猎时的伙伴和守护者了。

对我们狗狗来说，一万年真的是很长、很长的时间啊！

它的需求，当它需要独处时，你就不要打扰它。

要尊重你的狗狗。显然，图中的狗狗并不乐意被亲吻。（你可以翻到第 14 页了解狗狗的肢体语言。）

训练能给你和狗狗带来更多快乐

小朋友要学习一些社会的基本礼仪，比如不随便打扰别人、不在公共场合大喊大叫或在街上乱跑，你的狗狗也需要学习一些基本礼仪。你要做狗狗的小老师！让我们来想一想，学习礼仪能给你带来哪些好处呢？你表现得越好，父母就越愿意带你去参加有趣的活动。对狗狗来说也是这样，一只受过良好训练、遵守社交礼仪的乖狗狗在哪儿都会受欢迎，你和父母也愿意带它外出。现在有很多宠物友好酒店、餐厅、露营地、商店等。

狗狗最好在幼犬阶段就开始接受训练，但即便是一只老年狗狗，你也可以训练它！

和狗狗打招呼

作为一个喜爱狗狗的孩子，你一定想和遇到的所有狗狗打招呼。但你要先确认狗狗是否想和你打招呼，同时还必须保证自己的安全。

每当你想和陌生的狗狗打招呼时，都要严格按照"求、闻、抚"这3个步骤做。这样做既能保证你的安全，又能让你和狗狗感到快乐。

假设一只可爱的狗狗正向你走来，请按照下面的步骤做。

求——征求狗狗主人的同意。 在与狗狗互动之前，你必须先询问它的主人你能否抚摸它。

闻——让狗狗闻闻你。 狗狗会先用其敏锐的嗅觉来判断面前的人是敌是友，所以不要一见到狗狗就立刻接近它并抚摸它。单手握拳，伸到狗狗面前，让它闻闻你的气味。

抚——轻抚狗狗的背。 并非所有狗狗都喜欢被拍脑袋，如果陌生人对狗狗这样做，它很有可能将这个动作判断为挑衅。不过，你可以通过温柔地抚摸狗狗的背，来使它信任你。

不要靠近这样的狗狗

有些狗狗不想让你亲近它们，有的是因为害怕陌生人，有的则是对交朋友这件事不感兴趣。如果狗狗有下面这些表现，你最好径直走开。

＊ 当你靠近时，躲到了主人身后。
＊ 低声咆哮，或者做出要冲向你、袭击你的动作。
＊ 身体弓起，肌肉紧绷。
＊ 龇牙。

装成一棵树

如果一只未系牵引绳的陌生狗狗突然靠近你，你不要尖叫或跑走，这种行为只会让狗狗去追你或者攻击你。狗狗是捕食性动物，追逐和捕杀移动的猎物是它们的天性。所以，不要让自己变成猎物！保持安静和静止不动即可。

我的一位朋友在狗狗安全中心工作，他给出了一个针对上面情况的建议：假装自己是一棵树。为什么要装成一棵树呢？因为树一直安静地立着，实在太无聊了！狗狗对树不感兴趣，它们只爱追逐会动的东西（如小松鼠）。

所以，当一只未系牵引绳的陌生狗狗靠近你时，你即便再害怕，也要尽可能地保持不动，假装自己是一棵树。下面是装成一棵树的方法。

1. 停下脚步，站直。
2. 慢慢地交叉双臂，抱于胸前。
3. 低头看自己的脚，不要和狗狗对视。

狗狗，你想说什么？

狗狗能发出约 20 种不同的声音，其中好几种声音只会对人类发出。这是为什么呢？因为狗狗太聪明了，它们发现人类主要通过说话交流，所以它们"发明"了专门用于和人类交流的声音。而狗狗之间的交流往往是无声的，它们更多地依靠肢体语言来传递信息。

要想和狗狗实现有意义的双向交流，你需要一边听它发出的声音，一边观察它的动作，从而理解狗狗究竟想要"说"什么。

"汪汪"。狗狗望着你并"汪汪"叫了一两声，它是在说："嘿，朋友，最近怎么样？"你可以用友好而欢快的方式回应它，和它打招呼并叫它的名字，再温柔地拍拍它，让它知道你注意到了它。

急促地狂吠。狗狗发出一连串速度越来越快、声调越来越高的叫声，这是它在发出警报，可能是因为有陌生人或陌生狗狗正在靠近它，还可能是因为它的玩具滚到了沙发下，它正焦急地向你寻求帮助。

当狗狗狂吠时，千万不要大声制止它，强迫它安静下来，因为它很有可能误认为你的吼叫是对它继续狂吠的鼓励。

"呜呜"。这种尖锐、哀伤的声音是狗狗闭着嘴从喉咙里发出的。它可能是狗狗发出的求助信号，比如你的

汪
汪
！

狗狗需要你帮忙开门让它去上厕所。有时，狗狗也会因为失落或焦虑而发出这种声音，比如在它进入宠物医院时，或当你进入商店把狗狗独自留在外面时，它就会"呜呜"地叫。狗狗还会因为疼痛而发出这种声音，这时你就要仔细地检查它的身上是否有伤口或肿胀的地方。

"哈呼哈呼"。狗狗会"哈呼哈呼"地喘气。它并不能像人类一样通过皮肤大量排汗，为了降温，它必须张嘴快速喘气。气温太高或它玩得筋疲力尽时，它都可能会这样做。"哈呼哈呼"地喘气是狗狗在发出信号，告诉你它需要休息一下，并补充点儿水分。

此外，狗狗还可能会因为感到害怕而"哈呼哈呼"地喘气。在这种情况下，它们往往也会打哈欠或舔嘴唇。

嗥叫。一些狗狗会像狼一样抬头发出嗥叫声。有些品种的狗狗，比如西伯利亚雪橇犬（哈士奇）和米格鲁猎兔犬（比格犬），天生就会嗥叫。它们似乎通过嗥叫来和远在天边的同族交流。

狗狗的听力比人类的好太多了，所以在听到高亢响亮的警笛声时，有些狗狗会将其误认为是伙伴召唤的声音，从而用嗥叫来回应。如果你的狗狗属于天生就会嗥叫的犬种，那么你可以训练它听懂你的口令，让它在你的朋友前一"嗥"惊人。

低声咆哮。这种低沉的咆哮声是从狗狗的喉咙里发出的，狗狗发出这种声音的同时伴随着出现龇牙动作。这是狗狗在进入攻击状态之前发出的警告。不要靠近一只正在低声咆哮的狗狗——它可能会猛扑向你，甚至咬伤你。

一些狗狗会通过低声咆哮来守护自己的食物和喜欢的玩具，或者警告那些过于顽皮的小朋友或幼犬："别来烦我！"

有些狗狗天生就会嗥叫。

科娜有话说

我和我的狗狗朋友每天都有好多话要说，但我们的交流经常是无声的。那么，我们是怎么交流的呢？嘿嘿，我们会用肢体语言交流！其实你也会这样做，想一想，你是不是会招手向朋友问好，会把食指放在嘴唇上表示"请安静"，在开心时蹦蹦跳跳（就像一只快乐的狗狗）？你能想到哪些狗狗和人类共通的肢体语言？

狗狗肉汁饼干

肉汁饼干容易制作，并且深受狗狗喜爱。狗狗肯定会摇着尾巴求你给它一块。14 千克以下的狗狗每天只能吃一块肉汁饼干，14 千克以上的狗狗每天可以吃两块。你也可以把肉汁饼干掰成小块，将其作为狗狗训练时的奖励。

食材（可制作 48 块饼干）

2½ 杯全麦面粉	1/2 杯水
（多准备一些防粘）	1 个鸡蛋
2 小罐婴儿牛肉泥	1 汤匙红糖
6 汤匙低盐牛肉汁	适量食用油
1/2 杯脱脂奶粉	

步骤

1 将烤箱的温度调至 180℃，预热 10 分钟。

2 把除食用油之外的所有食材放在一个大碗里，搅拌均匀。

3 双手沾满面粉，将混合的食材揉成一个面团，用擀面杖擀成薄薄的面片。

4 用饼干模具把面片切割成好看的形状，在烤盘上抹一层食用油，将切割好的面片摆在烤盘上。

5 将烤盘放入烤箱，烤 25 分钟，直至面片变成浅棕色。（喂狗狗吃之前要先将饼干冷却！）做好的饼干可以在密封容器里保存 2 周。

13

狗狗肢体语言大揭秘

比起听到狗狗叫，你是不是更经常看到它们摇尾巴呢？确实，狗狗之间总是通过头、身躯和尾巴的动作来交流；它们和人类则更多地通过发出声音来交流。不过也有例外，当一群狗狗在宠物乐园相聚的时候，它们会一边兴奋地摇头摆尾、玩追逐游戏，一边来一场"吠叫狂欢"。

但是，如果你想和狗狗进行一次清楚准确的交流，你就需要从头到脚地观察它，只有这样，你才能更准确地了解它的心情和它想要传达的信息。让我们一起来了解一些狗狗常见的肢体语言。

嘿，很高兴见到你！ 狗狗目光温柔，放松地左右摇晃尾巴或用尾巴画圈，这是在表示对你的欢迎。它还会摇头摆尾，或者发出唱歌一般的声音或高亢欢快的叫声，抑或是舔你的手或脸颊，给你一个湿湿的狗狗吻。

怎么啦？都告诉我吧！ 当你说话的时候，好奇的狗狗可能会竖起耳朵，歪着头，仿佛这样做它就能更清楚地知道你在说什么。狗狗通常还会放松身体，尾巴轻轻地左右摇摆。一些狗狗可能还会抬起前爪轻轻挠你的手臂或腿，仿佛在回应你。

和我一起玩吧！狗狗前腿向前伸，屁股翘起，好像在向你躬身行礼；同时它会张大嘴，伸出舌头，看起来像在咧嘴笑。它还可能会用鼻子拱拱你。

有的狗狗会抬起头，嘴巴一张一合。通常情况下，除了反复开合嘴巴，狗狗还会摇头摆尾，并叼来它最爱的玩具，这就是在示意你：游戏时间到了，和我一起玩吧！

我很紧张或焦虑。正在害怕或感到不安的狗狗会把它的尾巴夹在后腿之间，并不断舔嘴唇、打哈欠或者蹲下来，让自己变得不起眼。它也可能会眯起眼睛，或者避免和你进行眼神直接接触，并出现飞机耳。

　　特别胆小的狗狗在和你初次见面时会有如下表现：战栗或者因为太紧张而无法控制膀胱处的肌肉，从而尿出来；待在原地一动不动；拼命逃离。千万不要试图通过拥抱、抚摸或者提高声调模仿小朋友说话来安抚一只处于紧张状态的狗狗——这些行为只会加剧它的紧张。你应该冷静下来，用平常的声调说话，尽量不要移动，让它感到自己很安全，并让它明白自己可以在准备好之后再和你亲近。

　　离我远点儿！狗狗愤怒时可能会瞪着你，肌肉紧绷，耳朵向前伸或向后贴，掀起嘴唇，龇牙低吼，同时尾巴伸直并平行于地面。它还可能身体向前倾，咆哮或大声吠叫。这些都是狗狗发出的警告信号："不要靠近我，离我远点儿！"

"汪星人"
知识小测试 1

1. 谁的味蕾更多?

    A. 人类

    B. 狗狗

    C. 猫咪

    D. 三者一样多

2. 哪个品种的狗狗跳得更高?

    A. 杰克罗素梗

    B. 德国牧羊犬

    C. 金毛寻回犬

    D. 灵猩犬

3. 狗狗每只耳朵平均有多少块肌肉?

    A. 4

    B. 8

    C.12

    D.18

4. 下面哪个品种的狗狗的发源地不是美国?

    A. 阿拉斯加雪橇犬

    B. 澳大利亚牧羊犬

    C. 巴仙吉犬

    D. 捕鼠梗

(答案见第 132 页)

了解狗狗的品种

狗狗的品种有很多：从小巧可爱的吉娃娃，到庞然大物一般的大白熊犬；从有卷曲被毛的葡萄牙水犬，到有双层被毛的哈士奇，再到墨西哥无毛犬，狗狗有不同的外形、大小、被毛以及个性。

美国养犬俱乐部拥有近 200 个受到认证的犬种，并且每年都会有新的犬种被添加到认证名单上。

除了受到认证的犬种，人类还繁育了许多所谓的"设计犬种"——让不同品种的狗狗交配，比如让贵宾犬和雪纳瑞犬交配、让比格犬和巴哥犬交配等，这样它们生下的狗宝宝就同时具有两个犬种的特点。当然，还有一些普通的"混血犬"，它们并不是人类有目的性地繁育出来的，并且它们的后代往往看上去和亲代非常不一样，但它们都是很棒的狗狗。

美国养犬俱乐部将其认证的犬种分成 7 个不同的组别，每个组别的狗狗都有特定的功能。

科娜有话说

我们狗狗的体形、被毛、耳朵形状都各有不同。经过多年的演变，每个品种的狗狗都具有稳定的遗传特征，比如有用于保暖的厚被毛，或有用于挖掘食物的短而有力的腿。

我要教你一个词——纯种犬，它指的是在世界犬业联盟注册并获得血统证书的狗狗，纯种犬的爸爸妈妈一定也是纯种犬。你问我是不是纯种犬？不是，我是一只"混血犬"，嘿嘿！

杰克罗素㹴和西高地白㹴

骑士查理王猎犬

㹴犬组

　　㹴犬以精力充沛、活泼好动和坚毅顽强著称。它们被培育成狩猎和杀死害兽（比如老鼠）的好手，具有较强的领地意识和家庭意识。常见的㹴犬有凯安㹴、西高地白㹴、杰克罗素㹴和苏格兰㹴。

玩赏犬组

　　玩赏犬非常黏人，常趴在人类的膝上。它们体形较小，所以如果你家不太宽敞，或者你想经常带狗狗出游，玩赏犬是理想的选择。玩赏犬大都很有个性。比较受欢迎的玩赏犬包括骑士查理王猎犬、吉娃娃和马尔济斯犬。

工作犬组

顾名思义，工作犬指可以帮助人类完成一些工作的狗狗。它们经常参与追踪、搜救、警卫工作。一些比较受人类喜爱的狗狗，比如哈士奇、罗威纳犬和拳师犬，都是工作犬。

罗威纳犬

家庭犬组

家庭犬组是犬种数量最多的组别，这一组别的狗狗在体形、外观、个性方面都有很大差异。西帕基犬、贵宾犬和斗牛犬都是家庭犬，它们几乎没有共同特征。

英国斗牛犬

枪猎犬组

枪猎犬是捡拾猎物的高手，它们能准确地定位并衔回猎物。比较受欢迎的枪猎犬有拉布拉多犬、金毛寻回犬和英国史宾格犬。

英国史宾格犬

贵宾犬

狩猎犬组

卓越的追踪和狩猎能力是狩猎犬的共同特征。狩猎犬能够依靠其非凡的嗅觉来追踪猎物，是人类狩猎的好帮手。在狩猎犬组中，灵猩犬、寻血猎犬、腊肠犬和比格犬一直很受人类的喜爱。

畜牧犬组

畜牧犬聪明、精力充沛，是人类为了更好地管理农场里的羊、牛和其他牲畜而繁育出来的。畜牧犬喜欢工作，而且运动量大。边境牧羊犬、德国牧羊犬和威尔士柯基犬都是畜牧犬。

寻血猎犬

边境牧羊犬

犬种小趣闻

有些犬种非常受人类喜爱。让我们来说说最受人类喜爱的 10 个犬种！

比格犬。这种小型猎犬有着超乎寻常的嗅觉，它们可以区分出多种不同的气味！它们一旦闻到了什么特别的气味，就想一探究竟，有时会跑得无影无踪，所以它们在不系牵引绳时真的挺不靠谱的。但在家里，它们会是很棒的玩伴。

比格犬的尾巴尖是白色的，这使得它们穿过高高的草丛时，更容易被看到。

拳师犬。拳狮犬肌肉发达，喜欢活动。拳狮犬很容易感到无聊，所以不要一直和它们玩同样的游戏。你是不是有些好奇，拳师犬的名称是怎么来的呢？原来，这种狗狗在狩猎时喜欢跳起来并伸出前爪，看上去像拳击手在出拳。而且，它们的头形是不是也有点儿像拳击手套呢？

拳师犬大都非常、非常喜欢小朋友！

吉娃娃。吉娃娃是世界上最小的犬种之一，体重只有 1 ~ 3 千克。这种狗狗源于墨西哥。它们总爱在毯子、枕头，甚至脏衣服下面钻来钻去。

吉娃娃的西班牙语名称"chihuahua"本意为"两片水域之间"。

法国斗牛犬。短腿圆身的法国斗牛犬很受人类的喜爱，这种狗狗以可爱的蝙蝠翅膀状耳朵、皱皱的脸和喜欢打鼾而闻名。法国斗牛犬特别贪吃，千万不要因为它们对你扑闪着大眼睛，就喂它们太多食物！

尽管它们叫"法国斗牛犬"，但它们其实源于英国，它们的祖先是英国斗牛犬，想不到吧！

德国牧羊犬。 德国牧羊犬非常热爱工作，这也是为什么大多数警犬都是德国牧羊犬，它们是警察叔叔的好帮手！它们聪明、强壮，对主人十分忠诚。这种狗狗被毛很多，所以你如果有一只德国牧羊犬，就要提高你的梳毛技能，每周至少给它梳 2 次毛。

德国牧羊犬也被称为"阿尔萨斯狼犬"。

金毛寻回犬。 金毛寻回犬是最受人类喜爱的犬种之一。这种狗狗友好、忠诚、聪明。它们最初是为了狩猎水禽而繁育出来的，是当之无愧的游泳健将。世界上很多名人都养过金毛寻回犬，金毛寻回犬可是入住过白宫的狗狗！

世界上最响亮的犬吠纪录是由一只叫查理的金毛寻回犬创造的，它的吠声比电锯声还大！

拉布拉多猎犬。 拉布拉多猎犬非常喜欢社交，对小朋友特别友善。它们总是被训练成服务犬或搜救犬。大多数拉布拉多猎犬很爱玩水，它们在飞球赛、敏捷赛和拉力赛等犬类比赛中表现出色。

拉布拉多猎犬的毛色一般有 3 种：黄色、巧克力色、黑色。

贵宾犬。贵宾犬源于欧洲，被法国誉为国犬。贵宾犬善于从水中拾取猎物，它们的德语名称"Pudel"有水坑之意。根据体形，贵宾犬被分为3种：玩具型、中等型和标准型。它们被毛柔软，不易掉毛。

贵宾犬以其高智商和出色的运动能力而著称，它们学习速度快，擅长才艺表演。

约克夏狸。约克夏狸源于19世纪的英国约克郡。它们身材矮小，但吠声大。它们是捕鼠高手，曾经被饲养用以捕鼠。后来，约克夏狸成为最常见的小型犬，是人们的"开心果"。

约克夏狸被毛细密、柔顺，参加犬展的约克夏狸往往有很长的被毛。

杰克罗素狸。杰克罗素狸以活泼的性格和急促的叫声而闻名。它们聪明自我，训练它们对主人来说是很大的挑战。杰克罗素狸的被毛主要是白色的，有棕色或黑色的斑块；被毛或光滑或粗糙。

杰克罗素狸的跳跃高度可达1.5米，它们喜欢运动。

DIY
狗狗玩具

狗狗应该拥有自己的专属玩具，玩具无须太多，但最好有不同的种类。尝试自己动手制作简单的狗狗玩具吧！

"嘎吱嘎吱"玩具

步骤

1 准备一个空塑料瓶。

2 把空塑料瓶塞到长袜或旧羊毛衫（运动衫）剪下的袖子里，将开口系紧。

里面是空塑料瓶。

零食玩具

步骤

1 准备一个卷纸纸筒，在上面剪几个洞，洞要比零食稍大。

2 将纸筒一端折起来封好，从另一端将零食放进去。

3 将纸筒另一端也折起来封好。把做好的玩具放在地上，你的狗狗需要多长时间才能吃到里面的零食呢？

里面是零食。

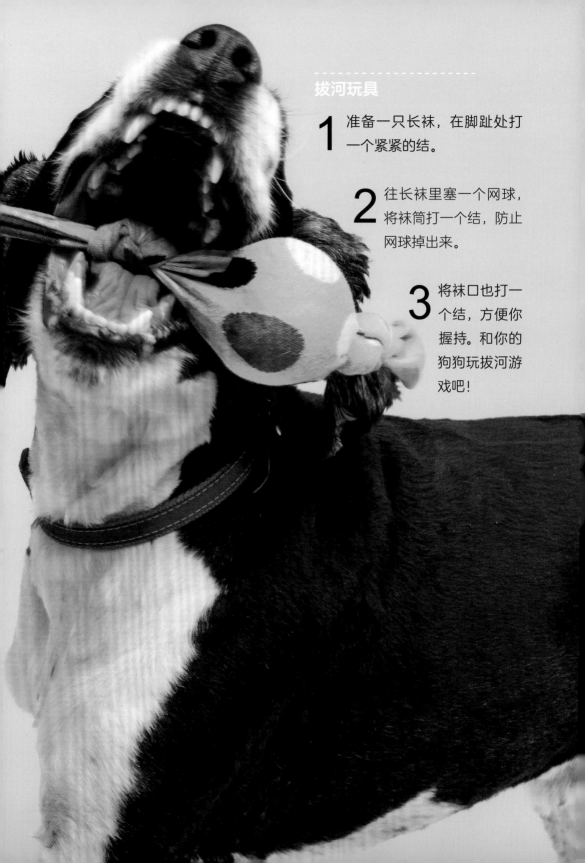

拔河玩具

1 准备一只长袜，在脚趾处打一个紧紧的结。

2 往长袜里塞一个网球，将袜筒打一个结，防止网球掉出来。

3 将袜口也打一个结，方便你握持。和你的狗狗玩拔河游戏吧！

为狗狗打造
快乐的家

　　了解你的狗狗的喜好，理解照料它的意义，这是很重要的。狗狗渴望规律的生活，虽然它不会看钟表，但它大致知道什么时候应该吃早餐和晚餐，什么时候应该出去散步。当它被单独留在家里时，它会想：小主人什么时候回来带我出去玩？如果你每周的上学时间都不固定，或者你的父母有时忘记给你做晚饭，你会有什么感受呢？是不是觉得很烦躁？

　　尽可能地为狗狗的活动安排固定的时间，这有助于保持狗狗的健康，培养你们之间的信任和感情。最重要的是，你要知道，狗狗真的非常需要和依赖你。

养狗任务表

养一只狗狗，意味着你必须有足够的责任心。你要每天给它喂食、喂水，带它出去活动，给它充分的关心和爱护；你不能因为自己的疲劳或懒惰而忽视它；你要了解并满足它的需求，保证它的健康快乐。

如果你即将拥有一只自己的狗狗，那么在它到来之前，先和其他家庭成员一起制作一张"养狗任务表"。如果你家已经有一只狗狗了，但目前家里还没有专门的"狗狗负责人"，那么你应该站出来承担照顾狗狗的责任了！如果有可能，每个家庭成员都应该承担至少一项照顾狗狗的任务。如果你还不太清楚照顾狗狗需要做什么，第30页的"养狗任务表"或许可以给你一些灵感。

你可以将"养狗任务表"贴在家中醒目的地方，每完成一项任务，就在相应的格子里打钩。

养狗任务表

任务	周一	周二	周三	周四	周五	周六	周日

上厕所：每天早上起床后的第一件事，就是带着狗狗去上厕所。

喂食：准备好狗狗早上要吃的狗粮，让它乖乖坐下，等你放下狗粮碗。

喂水：倒掉水碗中剩下的水，清洗水碗，重新倒满干净的饮用水。

清理便便：准备一个狗粪铲，清理狗狗的便便。

散步：每天带狗狗出门散步2次，每次15～30分钟，保证狗狗每天有足够的运动量，让它呼吸新鲜空气，探索周边环境。

训练：每天花10～15分钟来训练狗狗，或者帮助它复习一个已经能听懂的口令。

玩耍：选一个狗狗喜欢的玩具，和它一起玩；或者邀请狗狗和你一起看电视或读书。

梳毛：帮狗狗梳理被毛。根据它的被毛长短来决定是每天都梳一次毛，两三天梳一次毛，还是每周梳一次毛。

洗澡：大多数狗狗不需要定期洗澡，但是如果你的狗狗变得特别脏或者闻起来臭烘烘的，请使用狗狗专用的沐浴液给它洗澡。

做超级"铲屎官"

"铲屎"绝非让人喜欢的任务，但它却非常重要。大多数狗狗每天都要排便2～3次，便便很臭，还会吸引苍蝇，留在人行道上或草坪上的便便会影响公共环境卫生。

要想养一只狗狗，就不能怕脏怕累。带狗狗出去散步时，一定要多带几个装便便的塑料袋。把塑料袋套在手上，捡起便便，然后把塑料袋翻过来，便便就留在袋里了；或用狗粪铲将便便铲到塑料袋里。最后记得把塑料袋打结系好，扔进垃圾桶。"铲屎"并不难！

好奇心也会害死狗狗

俗话说："好奇心害死猫。"实际上，狗狗对世界的好奇和猫咪相比毫不逊色。它们热衷于用灵敏的鼻子、敏锐的双眼，甚至它们的嘴，来探索周围的环境。只需要一秒钟，它们就能咬烂一只鞋、将垃圾桶翻个底朝天，或者旋风般地从敞开的门冲出去！所以，你要和父母共同努力，无论是在家里，还是在外出时都照顾好你的狗狗。要定期察看家里的每个角落，确保没有什么东西会伤害到它。

厨房

✳ 使用带盖子的垃圾桶。

✳ 在厨房无人的时候，不要把食物放在操作台上。

✳ 在厨房做饭或烧水时，要把狗狗及时赶出厨房。

✳ 当心狗狗偷吃你的食物，因为有些人类的食物会让它生病。

卫生间

✳ 随时盖好马桶盖，不然狗狗会把马桶当成水碗！

你听我解释……

✱ 把清洁用品放在狗狗够不到的地方。

客厅

✱ 藏好电线。

✱ 将狗狗的窝放在家里比较安静舒适的地方。

✱ 把那些狗狗看到后可能会咬一咬的东西（比如电视遥控器、拖鞋等）收起来。

卧室

✱ 把鞋子和衣服放好。许多幼犬和刚到新家的狗狗很爱咬自己最喜欢的人的东西！

✱ 收好首饰、发夹、皮筋、玩具和游戏卡带等——任何可能会吸引狗狗的东西都要收好。

✱ 把正在充电的电子设备（手机、平板电脑等）放在狗狗够不到的地方，同时要把充电线藏好。

危险的植物

以下这些常见的植物对狗狗有害。为防止狗狗误食，一定要把它们放在狗狗够不到的地方。

✱ 芦荟	✱ 翡翠木（发财树）
✱ 朱顶红	✱ 万年青
✱ 苏铁	✱ 文竹
✱ 石柑和喜林芋	✱ 巴西木（龙血树）
✱ 橡胶树	✱ 常春藤

科娜有话说

为什么狗狗如此热衷于啃咬你的鞋子、玩具和其他你喜欢的东西呢？因为当我们狗狗感到无聊、焦虑，或者精力过剩的时候，啃咬带有我们爱的人气味的东西能让我们平静下来。我们知道这会让你生气（吞下一只袜子对我们的身体也有害），但是当这些东西摆在我们面前时，我们好难控制自己呀！不过，你可以帮助我们：把脏衣服放进脏衣篮，将你的玩具放好。只要我们看不到这些东西，我们就不会啃咬它们了，并且你的父母也会更开心！

同时，给我们一个安全又结实的狗狗玩具或一根特别硬的骨头，让我们可以打发时间。我代表全世界的狗狗（和鞋子）谢谢你！

收拾好你的院子

如果你家有个院子，你和你的狗狗会在这里度过大部分的欢乐时光，所以一定要收拾好院子，确保你和狗狗的安全。

建造牢固的栅栏。 最重要的事是用牢固的栅栏把院子围起来，防止狗狗跑出去。要知道，即使是最听话、最忠诚的狗狗，也有可能突然变成"逃跑大师"，跑得无影无踪。所以，无论

什么时候，只要你的狗狗待在院子里，你就要确保院子的门是锁上的。

经常检查院子。 确保狗狗没有在栅栏下面挖隧道，或者院子里没有可以被狗狗当作踏板跳出去的户外家具。把化肥、堆肥等都收纳在狗狗接触不到的地方。

种植对狗狗安全的植物。 确保院子里没有对狗狗有毒的植物。

刨土是狗狗的天性！

当心这些植物！

如果你家的院子或阳台种了一些花花草草，那么你要确保这些植物对你的狗狗是安全的。你可能不知道，一些常见的园艺植物可能会引发狗狗窒息。

郁金香（整株植物都有毒，球根毒性最强，毒性与郁金香相似的还有番红花、水仙花）

杜鹃花

颠茄

夹竹桃

红豆杉

毛茛

冬青

毛地黄

旧轮胎狗窝

宠物商店里的狗窝既贵又缺乏个性。你可以按照第 36 ~ 39 页的步骤自己动手,用回收材料为狗狗做一个舒适的窝。

材料

旧轮胎

无毒涂料

枕头(或很大的毯子)

枕套(或花布)

步骤

1 将轮胎洗刷干净,晾干。

2 给轮胎涂上你喜欢的颜色,待涂料变干。为了美观,你可能需要涂两遍涂料。

3 在轮胎上画一些装饰图案,或写上狗狗的名字。

4 将枕头或毯子塞进枕套,或者用花布包起来,然后塞进轮胎的中央,并将表面弄平整。

旧行李箱狗窝

旧行李箱也能变成完美的狗窝，它既可以放在家里，又可以作为旅游时的便携狗窝。

材料

硬壳行李箱（行李箱要足够大，你的狗狗能够在里面转身）

花布、毛毡、皮筋、强力胶（订书钉、缝纫工具）

尺寸合适的枕头

枕套（或花布）

木块（或布条）

步骤

1 装饰行李箱。你可以用花布制作第 39 页图中行李箱盖子上的口袋，口袋可以用来装狗狗的玩具。

2 将枕头塞进枕套，或者用花布包起来，然后塞进行李箱，将表面弄平整。

3 用强力胶和木块（或布条）固定住箱盖，防止箱盖关上。（见下图）

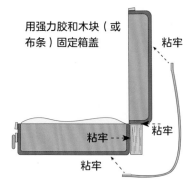

用强力胶和木块（或布条）固定箱盖

粘牢

粘牢

粘牢 --

粘牢

让狗狗在笼子里吃东西

大多数狗狗都需要一个让自己感到舒适安全的地方。当狗狗独自在家的时候，它需要一个能让它感到安全的地方来放松和玩耍，否则它可能会恶作剧，比如啃咬你最喜欢的 T 恤衫或翻垃圾桶。此外，你在训练狗狗听懂"休息！"时，也需要规定一个它在听到口令后可以趴下不动的特定地点——这就是笼子的用处。

笼子要足够大，狗狗要能够在里面站立和转身。你要在笼子里铺上舒适的垫子或毯子。为了吸引狗狗，你可以在笼子里放上零食或它喜欢的玩具；在狗狗进去之后，轻轻关上笼门并表扬它；几秒钟后，打开笼门，让它出来；逐渐延长它待在笼子里的时间，这样它就会逐渐喜欢上自己的"公寓"。

你可以尝试让狗狗在笼子里吃饭，等它吃完后立即打开门。这样做主要有两个好处：其一，方便你照看狗狗，防止家里的其他宠物抢它的食物；其二，使狗狗将笼子和积极的体验，也就是吃饭联系起来，使笼子变成狗狗喜欢的地方。

切勿将狗狗关起来以惩罚它。不要让狗狗将消极的体验和被关在封闭的空间里联系起来。这样狗狗才能在和全家人自驾旅行时乖乖地待在车上，或当你和家人参观景点时愉快地留在宠物托管中心。

科娜有话说

你一定不喜欢别人随便进入你的卧室吧？在这一点上，我们狗狗和你是一样的！我有一个重要的提示：千万不要爬进我们的笼子。对你来说，我们的笼子可能是一座很酷的玩具城堡，但我们和你一样，需要自己的空间。我们的笼子或窝就是我们的卧室，在那里我们可以安心地打盹儿。

问问宠物医生吧!

我喜欢给我的狗狗多莉喂很多食物。我究竟应该给它喂多少食物呢?我不希望它肚子疼。

莱恩(5岁)
美国得克萨斯州

这是一个好问题。和你一样,多莉也会因为吃了太多的食物而肚子疼,它还可能会有超重问题。告诉你一个很棒的喂食方法:先称出多莉一天需要吃的食物,然后把一半食物放在它的狗粮碗里,将另一半食物分成若干份,在白天时不时喂给它。

冷冻的熟青豆或熟胡萝卜片是许多狗狗都喜欢的健康食物。如果你想为你的狗狗做一些特别的食物,请参考第 13、72、106、107 和 108 页的食谱。

注意,并非所有人类的食物对狗狗都是安全的。让多莉远离含糖或咖啡因的食物、脂肪含量高的肉、洋葱、葡萄和葡萄干、黑巧克力、牛油果、夏威夷果。

莉丝·贝尔斯医生
美国特拉华州红狮宠物医院

狗狗的学习时间

狗狗和你有很多相似之处，比如你们都喜欢玩游戏，喜欢和家人、朋友待在一起。和你一样，狗狗也需要学习，只是你和狗狗学习的内容不同。对狗狗来说，你就是它的老师，狗狗需要你对它进行训练！如果狗狗能从年幼的时候就开始接受训练，那当然最好不过了！但是，如果狗狗已经养成了一些坏习惯，你也不要气馁，"亡羊补牢，为时未晚"，最终你可以通过训练让狗狗养成好习惯。

狗狗必须能听懂的基本口令包括："好！""不！""看我！""坐！""趴下！""离开！""停！""过来！""跟上！"和"休息！"。在你的帮助下，狗狗会像海绵吸水一样学习新的技能。完成训练后，你可以骄傲地向家人和朋友展示你的训练成果！

为什么狗狗需要学习礼仪？

学习礼仪可以保证狗狗的安全，并使你和狗狗的相处更融洽。设想一下，当客人走进家门，你的狗狗安静地坐在你身边，不会一跃而起兴奋地迎接客人，也不会冲过去吓坏可能怕狗的小朋友，那么它怎么会有机会惹麻烦呢？

如果狗狗在吃饭前能坐好、听你发出吃饭的口令，你照顾它就会更容易。如果在你拿出牵引绳时狗狗能乖乖地坐下来，而非发狂般地在屋里跑来跑去，你就能快速地为出门散步做好准备。如果你和狗狗从外面回来时脚上满是污泥，而狗狗有耐心地坐好（甚至翻过身来四脚朝天），让你用毛巾为它擦脚，你一定会大松一口气。

听从召唤的狗狗更不容易出危险。它不会因为冲进车流而受伤，也不会跑到其他狗狗的面前挑衅。此外，如果狗狗能听懂你的口令，你就能够在一些宠物可以自由活动的区域暂时解开牵引绳，这样你和狗狗都能更轻松快乐。

乖巧的狗狗可以参加更多有趣的活动，比如随你拜访朋友、在狗狗乐园里玩耍、去宠物友好商店和餐厅。乞食行为或许看起来很可爱，但这是个坏习惯。只有不能在主人吃饭时保持安静和遵守规矩的狗狗才会把鼻子拱到餐桌上乞食。

当听到别人对你说"你的狗狗真乖！"的时候，你一定会很自豪！

科娜和科闹

科娜听到呼唤就会回到主人身边。

科闹不听主人的口令，冲进了车流。

宠物训练三原则

无论你是训练狗狗还是训练猫咪，最重要的都是要坚持 3 个原则：明确、简洁、一致。对狗狗来说，能够做出正确的判断是非常重要的。它们会不断地解读我们的动作和语气，尽力理解我们所传达的信息。

1. 明确。如果你的口令复杂含糊，狗狗就会感到困惑。如果狗狗从你身边跑开，而你边追它边喊："过来，过来，过来！"它就会以为"过来！"这个口令意味着你想和它玩追逐游戏。如果有必要，你可以在训练中将一个口令分解成若干个动作，以便狗狗明白你的要求。

2. 简洁。如果你对狗狗说："坐下！你能坐下吗？坐！喂，我让你坐下！"它并不能理解这些口令都是要求它坐下，它听到的只是"叽里咕噜，叽里咕噜……"此外，即使狗狗没有马上按照你的口令去做，你也不要一遍又一遍地重复口令，在心中数 10 个数字再重复口令，给它一些思考时间。

3. 一致。要想让狗狗听懂一个口令，就需要对它进行大量重复训练。狗狗能听懂我们的很多口令（尽管它们不会说人类的语言）。为狗狗的每个行为规定一个口令，并坚持使用该口令。只有你每次都用同样的口令训练狗狗，它才会更快地明白你的要求。以教狗狗坐下（见第 54 ~ 55 页）为

坐下！你能坐下吗？
坐！
喂，我让你坐下！

叽里咕噜，
叽里咕噜
……

例：你要在狗狗面前拿着零食，把零食举过它的头顶。它就会抬头用鼻子去闻零食，并顺势坐下。这时，你要立即夸奖它，并把零食喂给它。每次训练中，在狗狗成功坐下后，你都要做同样的事。如果你太早夸奖和喂它零食，比如当它抬头看零食时就喂它，它就会认为"坐！"这个口令代表它要看向你手中的零食。

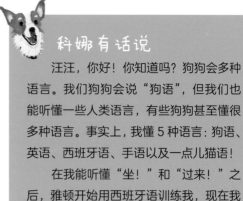

科娜有话说

汪汪，你好！你知道吗？狗狗会多种语言。我们狗狗会说"狗语"，但我们也能听懂一些人类语言，有些狗狗甚至懂很多种语言。事实上，我懂5种语言：狗语、英语、西班牙语、手语以及一点儿猫语！

在我能听懂"坐！"和"过来！"之后，雅顿开始用西班牙语训练我，现在我可以听懂"sentado"和"veni"（西班牙语的"坐"和"过来"）。雅顿还将口令和手势配合使用，当我们在喧闹嘈杂的地方或必须保持安静时，雅顿会只用手势来和我交流。至于猫语，我知道，当我的"喵星"朋友发出"呼噜呼噜"声时，我可以靠近它们；但当它们发出"嘶哈——"声时，我最好溜之大吉！

坐！

"乖狗狗！"

有一个重要建议能够帮助你的狗狗成为"优等生"：要在它表现出色时奖励它，而非在它做错事情时惩罚它。狗狗天生渴望获得认可。如果训练对它来说是有趣的，并且训练官，也就是你，富有耐心和爱心，它就会更有动力好好学习。

动物行为学家已经证明，狗狗在收到正向反馈（积极的反馈）后学习效果最好。这意味着在训练中，你要多给予狗狗赞美和奖励，而非在它犯错时对它大喊大叫。狗狗很快会知道，在做正确的事情时，它能够获得奖励，这会激励它弄清怎样做才是正确的，并愿意按照你的要求做。

科娜有话说

在许多方面，我们狗狗和小朋友很相似。当你的老师用"干得漂亮！""你能做到！"或"慢慢来！"来鼓励你的时候，你一定会付出最大的努力。所以，当训练简单有趣，并且你不停地赞美和奖励我们时，我们就会感到更轻松，并且更乐意去学习新的技能！

我是乖狗狗吧?!

开始上课！

一开始，在一个安静的地方进行训练，这样你和狗狗都可以集中注意力；随着训练难度的增加，你可以在有干扰的地方训练狗狗。重要的是，要让它知道在各种情况下应该如何应对。

在你没有要紧的事且有耐心的时候训练狗狗。每天训练 10 ~ 15 分钟，你可以把每天的训练内容分成几个小节，这样做你更容易看到训练效果，并且训练对狗狗来说更简单，它更容易受到夸奖。

保持积极的情绪，并准备足够的健康的零食来奖励狗狗。在狗狗吃饭前进行训练效果更好，由于狗狗比较饿，所以它会更有动力好好表现。

当你的狗狗按照你的口令做动作后，你要夸奖它。要始终用轻松欢快的声音说话，让你的狗狗知道你对它很满意。

见好就收。换句话说，你应当在狗狗成功按照口令做动作后结束训练，而非在失败时结束训练。如果训练无法顺利进行下去，你要先让狗狗做一个它已经学会的动作，并表扬它，再结束训练。要知道，狗狗和你一样不喜欢受到挫折！

"好！"

你需要用一个信号来示意狗狗"下课了"，它可以去玩耍或休息。这个信号的作用和你的老师说"下课！"或者下课铃的作用是一样的。"好！"（包括口令和手势）在训练狗狗时起着举足轻重的作用。

"好！"这个口令能够迅速地让原本保持坐姿、静止不动或趴着的狗狗恢复自由活动的状态。这个口令代表它可以去做别的事情了，比如去吃零食或者玩玩具。

这项训练的目标是让狗狗既能听懂"好！"，又能看懂你的手势。

1 将手掌举于胸前，手心朝上。

科娜有话说

我特别喜欢"好！"这个口令。雅顿刚领养我时就训练我听懂这个口令。每当雅顿为小朋友讲解宠物行为并做演示时，她会站在教室前面，而我要坐在教室后面一动不动，只有在雅顿说"好！"或做手势之后，我才能冲过去找她。小朋友都很喜欢我的演示。

2 在说"好！"的同时，竖起拇指并弯曲除拇指外的其他四指。狗狗很快就会把口令和手势联系起来。

"汪星人"
知识小测试 2

1. 当你的狗狗闻另一只狗狗的屁股时，它在获取什么信息？

    A. 另一只狗狗的心情

    B. 另一只狗狗早上吃了什么

    C. 另一只狗狗是否生病

    D. 以上选项都对

    E. 以上选项都不对

2. 狗狗可以在完全黑暗的环境里看见东西。

    A. 正确

    B. 错误

3. 狗狗有多少个味蕾？

    A. 17

    B. 170

    C. 1 700

4. 跳蚤是狗狗的常见寄生虫之一。一只雌性跳蚤一天能产多少枚卵？

    A. 15

    B. 25

    C. 50

    D. 65

5. 狗狗的肉垫会出汗。

    A. 正确

    B. 错误

（答案见第 132 页）

"不！"

"不！"是狗狗必须能听懂的口令之一。这个口令能让狗狗迅速停下它此刻正在做的事情，避免狗狗做出不好的行为，比如吃不该吃的东西。训练时，你需要准备两种奖励品：一种是它比较喜欢的食物，比如狗粮；另一种是它非常喜欢的食物，比如零食。

1 把狗狗比较喜欢的食物放在手心，举在狗狗面前大约15厘米的地方。

2 当狗狗上前准备吃食物时，你要将手握成拳，坚定地说"不！"，但是不要大声喊叫。如果它试图用鼻子拱你的手或用前爪扒你的手，你要握紧拳头等待。大多数狗狗在大约10秒钟后就会放弃。

3 张开手，再次向狗狗展示食物，只要它靠近，你就要迅速将手握成拳，并说"不！"。重复训练，给狗狗一些时间来弄清楚这是怎么回事，以及它应该如何回应。

4 当你张开手而狗狗不再靠近时，夸奖它，并拿出它非常喜欢的食物来奖励它。

"看我！"

在训练狗狗之前，你必须先吸引它的注意。"看我！"是一个经常被人们忽视的口令，如果狗狗能听懂这个口令，就会对后续的训练很有帮助！每当你需要吸引狗狗的注意时，你就可以对它说："看我！"这个口令还能提高狗狗对你的关注度，使它不被其他事物干扰。

1 拿着零食来吸引狗狗的注意力。通常，只要你拿着零食，狗狗就会紧盯着你手里的零食，它也许还会流口水。如果狗狗没有注意到零食，你就要拿着零食在它的鼻子前晃动。

2 看着狗狗，一边说"看我！"，一边将零食举在你的眼睛前方。

3 当狗狗和你对视时，迅速夸奖它，并给它零食作为奖励。在它能够连续几次和你对视后，你要等几秒钟再给它零食。

我听见了什么？食物？哦不不，是"看我"！

科娜有话说

这是个有趣的口令！每当雅顿说"科娜，看我！"，我就会迅速与她对视，因为我知道我会获得奖励。在这里，我要传授给你一些独家小窍门。

✳ 如果狗狗在你奖励它之前看向了别处，你就不要奖励它，重新开始训练。

✳ 当你给狗狗奖励的时候，一定要确保它正在看着你，这样它才会明白你想让它和你对视。

✳ 不要过度练习，练习几次就停止。

"坐！"

　　狗狗不可能在乖乖坐着的时候惹麻烦。所以，"坐！"也是狗狗必须能听懂的口令。训练时，不要试图通过下压狗狗的屁股来强迫它坐下，有的狗狗以为你是想跟它玩；有的狗狗可能会感到害怕而想要逃走。

1 让狗狗面对你。

2 将零食举到它的鼻子
　　前方。

3 一边说"坐！"，一边慢慢地将零食举过它的头顶。当狗狗抬头去闻零食时，它会顺势坐下。

4 狗狗一坐下，你就要立即夸奖它，并给它零食作为奖励，让它记住这个口令和动作。当狗狗能够迅速对你的口令做出反应后，你要等几秒钟再奖励它，逐渐延长它的等待时间。

"趴下！"

一旦狗狗能听懂"坐！"了，你就可以训练它听懂"趴下！"了。能够按主人的要求趴下不乱动的狗狗颇受欢迎，因为它们不会调皮捣蛋。我有一个小建议：有些狗狗不喜欢腹部贴在硬硬的地板上，所以要想教它们趴下，最好在地毯上训练它们，或者在它们身下铺一块浴巾或毯子。

1 让狗狗面对你坐下。拿零食靠近它的脸，一边说"趴下！"，一边慢慢地将零食放到地上。当狗狗的鼻子跟着零食向下移动的时候，它就会顺势趴下。

先拿着零食向下移动，再远离狗狗，移动轨迹呈 L 形。

2 如果狗狗成功趴下，马上夸奖它，并在它还趴着的时候给它零食作为奖励。如果狗狗在你给它零食之前站了起来，就要重新开始训练。

不行，要重新开始！

3 如果狗狗没有立即趴下，你就要把零食放在地上，给它点儿时间思考。只要它趴下，你就要表扬它，还要把零食递给它作为奖励。重复训练，直到狗狗每次听到口令都能趴下。

4 等狗狗能迅速趴下后，等几秒钟再喂狗狗零食，并逐渐延长等待时间；然后增加狗狗和零食之间的距离，先后退一两步，对狗狗说"趴下！"，并将零食放在地上。

"离开！"

当一只小狗扑到你身上和你打招呼时，你或许还会感到惊喜，但如果一只大狗或者身上沾满了泥巴的狗狗扑向你，惊喜就变成惊吓了！客人来访时，如果你的狗狗能有礼貌地打招呼，而非扑到客人身上，那么客人一定感到很开心。与其对狗狗大喊大叫来阻止它，更好的方法是教它听懂一些行为口令，比如"离开！"。训练时，你需要一条牵引绳（绳长至少 1.8 米）和一个助手。

1 将牵引绳系在狗狗的项圈或背带上。站在它身后，并牵好牵引绳。让助手从前面接近狗狗，注意，助手不要弯腰靠近狗狗或试图抚摸它。最好每次都与不同的助手一起训练。

2 如果狗狗用后腿站立，想要扑到助手身上，你就要说"离开！"，并迅速将牵引绳拉直，并向后拽。这么做的目的是阻止狗狗扑向助手。

为什么必须教会狗狗听懂"坐！"？

教会你的狗狗听懂"坐！"是确保它安全和举止得当的关键，毕竟狗狗在坐着的时候是不可能捣乱的。通过适当的训练，你的狗狗能够：

* 有礼貌地在门口迎接客人，不会扑到他们身上；
* 在吃饭前耐心地等待你放好狗粮碗；
* 在车门打开时，乖乖待在车里，以便你系好牵引绳；
* 在出去散步前，乖乖地坐好并等待你系好牵引绳，而非兴奋过头，在家里乱跑；
* 在进屋后乖乖坐好，以便你清理它的爪子（你的父母一定对此感到很高兴）；
* 在公共场合获得别人的赞美。

都听你的！

3 当狗狗的四只脚都落回地面上的时候，对它说"坐！"，并在它坐下后立即奖励它。多次训练后，狗狗就会发现，它跳起来时，并不会获得客人的关注，也不会获得奖励，但是当它有礼貌地坐下迎接客人时，它就会得到爱抚和零食。

"停！"

这个口令旨在让狗狗不再多走一步，它可以让狗狗在你做其他事情时耐心等待。训练狗狗听懂"停！"还挺难的，但你要有耐心。刚开始训练时给狗狗系好牵引绳，只让它保持几秒钟不动，然后逐渐延长时间。当狗狗学会在系着牵引绳时静止不动后，你要再花一段时间训练它，使它能够在你放开牵引绳后也静止不动，最后解下牵引绳对狗狗进行训练。

1 给狗狗系上牵引绳，让它待在你身旁，然后对它说："坐！"

2 往狗狗前方、它够不到的位置扔零食，并对它说："停！"

3 如果狗狗想去吃零食，先不要说话，拽紧牵引绳，让它无法够到零食。等待狗狗停下并坐下来。

4 等几秒钟，如果狗狗坐好不动，你要立刻夸奖它，然后说"好！"，同时放松牵引绳，让它吃到零食。

61

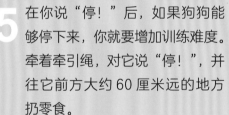

5 在你说"停！"后，如果狗狗能够停下来，你就要增加训练难度。牵着牵引绳，对它说"停！"，并往它前方大约 60 厘米远的地方扔零食。

6 当狗狗不再试图靠近零食时，夸奖它，并松开牵引绳，让它去吃零食。在狗狗学会了听到口令后坐着静止不动后，再训练它听到口令后趴着静止不动。

问问宠物医生吧!

为什么狗狗有时会气喘吁吁?

萨迪（7岁）

美国伊利诺伊州

你见过狗狗出汗吗？我打赌没有！因为狗狗不像人类一样会大量出汗。虽然它们的肉垫会出汗，但这还不足以让它们在酷暑时节迅速凉快下来，它们会通过张开嘴吸入较凉的空气和呼出体内的热气来降温。

你可能不知道，张开嘴不停地喘气还是狗狗的交流方式。例如，有的狗狗会通过这种方式来表达不安。此外，在非常兴奋的时候，狗狗也会出现这种情况。

如果狗狗喘得太厉害，这还可能是因为它不太舒服。但大多数时候，狗狗急促地喘气只是为了帮自己降温，你无须太过担心。

丽莎·利普曼医生

美国纽约州

"过来！"

如果你的狗狗喜欢在不系牵引绳的情况下玩耍，那么它一定要学会一召即回，因为到处乱跑的狗狗很容易受伤或惹麻烦。因此，你要对狗狗进行"召回训练"，也就是训练狗狗在你呼唤它时立即出现。

在这项训练中，循序渐进是非常重要的。训练场地要从安静、封闭的区域慢慢转移到有干扰的开阔空间。训练时，你需要一根 3.5 ～ 6 米长的牵引绳或晾衣绳，将其安全且牢固地系在狗狗的项圈或背带上。要先在封闭的区域内反复训练狗狗，直到它总是能够在你呼唤它时回到你身边，然后再去更大的空间继续训练。

科娜有话说

对狗狗而言，"过来！"是一个很难执行的口令，因为我们总是容易被各种有趣的事物或气味所吸引，几乎所有的狗狗都是这样！我给你的建议就是：多训练！多训练！多训练！

以下是一些小贴士。

* 一个好方法是呼唤狗狗，在它来到你身边后给它奖励，并陪它开心地玩一会儿。
* 要让狗狗感到放弃玩耍回到你身边是值得的，因此尽情夸奖和奖励它吧！
* 如果狗狗一直四处乱跑或无视你，但只要它最终能够回到你身边，你就要夸奖和奖励它。如果你对它大喊大叫，它就会认为你生气的原因是它回来了，而非它在乱跑。

1 让狗狗面对你坐下，牵好牵引绳，慢慢向后退，直到你距离狗狗大约 1.5 米远。

2 热情地呼唤狗狗的名字，并说"过来！"，同时蹲下来用零食吸引它，但不要多次重复口令。

3 当狗狗走到你面前时，夸奖它，并给它零食作为奖励。重复训练，直到它明白"过来！"这个口令代表它要向你走过来。

4 当狗狗能够一直回应你的呼唤后，你就可以增加训练难度：从更远的地方呼唤它。仍给狗狗系好牵引绳，让它在离你较远的地方随意走动；呼唤它的名字，并对它说"过来！"；如果狗狗没有回应你，你可以在叫它的同时轻轻地拽牵引绳。在完成这一阶段的训练后，你可以在狗狗系着牵引绳的状态下将绳子放在你的脚边（确保你可以随时抓起绳子），继续训练。最后，你要在狗狗不系牵引绳的状态下训练它。

"跟上！"

在遛狗时，你一定不希望狗狗总是乱跑吧？毕竟是你在遛狗，而非狗狗遛你！"跟上！"曾经是猎人用来让猎犬跟随自己的口令，现在这个口令能让你在遛狗时更轻松。即使你松松地牵着牵引绳，狗狗仍能乖乖地紧跟在你身边。

开始训练时，要找一个狗狗熟悉的、没有干扰的环境，比如你家的院子或附近的人行道。当狗狗能够在家附近紧紧跟随你之后，你可以在一天中比较安静的时段，带狗狗去其他地方训练；最后，你们可以去干扰更多、更容易使狗狗分心的环境里训练。

1 松松地牵着牵引绳带狗狗散步。如果它走得太快了，你就要停下来，等待它停下、回头看你。在狗狗看你时夸奖它，并给它零食作为奖励。这样做的目的是让狗狗明白：它应该把注意力放在你身上。

2 继续往前走，在迈出第一步的同时说"跟上！"。你可以拿着零食，将它放在狗狗的鼻子前面，这样做可以使它一直紧跟着你。

试试响片训练吧!

响片是用来训练狗狗的一个非常实用的工具!它的内部有金属零件,当你按动按键后,响片就会发出"咔嗒"声。响片训练的第一步是让狗狗知道"咔嗒"声意味着它即将得到最喜欢的食物。大多数狗狗很快就能发现这个规律!

训练的第二步是,当狗狗做了你想让它做的事情(比如待在垫子上)时,你就按动按键。"咔嗒"声相当于鼓励这个行为,让狗狗知道它刚刚做了一件正确的事情,并将得到奖励。

响片训练的好处是,你可以用它来让狗狗学会非常具体的行为和技能。不过,你要时刻注意狗狗在做什么,以便能及时按动按键并奖励它。如果你没有响片,你可以将舌头抵住上颚发出"嗒嗒"声,或者按动圆珠笔。

响片训练的关键是把握时机。你需要在狗狗做出正确的动作后立即按动响片的按键并给它奖励。你要对自己有信心,因为在训练狗狗时,孩子往往能比成年人更快、更好地使用响片!

3 当狗狗能够跟在你身边走几步后,你要夸奖它,并给它零食作为奖励。逐渐增加狗狗跟随的距离;如果它又开始走得太快,你就要停下来,这样它就会意识到:除非它跟在你身边和你一起走,否则你就不会动。

"休息！"

这个口令旨在告诉狗狗，它可以休息了。当我和科娜去旅行或给学员上课时，科娜知道"休息！"意味着它暂时没有其他任务，可以趴着休息了。这个口令包含"趴下！"和"停！"的含义，所以在开始训练前，要先确保狗狗已经能够听懂"趴下！"和"停！"。

1 在狗狗的窝或者它最喜欢的毯子边训练它。站在离它的窝 0.5 ~ 1 米的地方，让狗狗坐在你身边。将零食扔到窝里；一边说"休息！"，一边指着窝，示意狗狗走到窝里。

2 待狗狗吃掉零食后，对它说"趴下！"，让它在窝里趴好。等几秒钟，夸奖它，并再给它点儿零食，以鼓励它记住这个行为。

3 重复训练，直到狗狗能将奖励和口令、手势联系起来。接下来，不要向窝里扔零物，说"休息！"并指向狗狗的窝，如果狗狗能走到窝里并趴下，你要奖励它。等到狗狗能够熟练地完成动作后，多等一会儿再奖励它。

4 扩大口令和手势的应用范围。把窝换成任一个你想让狗狗趴下休息的地方，重复上述步骤。让狗狗记住，当你说"休息！"并指着某个地方的时候，它应该乖乖地趴在那里休息。

参加服从性训练课

和你的狗狗增进关系的一个好方法是带它参加由专业驯犬师开设的服从性训练课。这类课程一般采用积极强化法，让狗狗在你的陪伴下接触陌生的人、狗狗和环境，从而帮助狗狗实现良好的社会化。驯犬师将提供个性化、循序渐进的指导，让狗狗学会听懂一些基本口令。

有时，训练课会留一些有趣的家庭作业，你可以在放学后或周末与狗狗一起完成。下面是一些关于参加服从性训练课的小提示。

提前到场。 让狗狗在上课前先上个厕所，并熟悉一下环境的气味。

带一个可以系在腰间的食物袋。 食物袋里要装满零食，以便在需要奖励狗狗的时候你可以快速取用。

专注于当下。 如果狗狗错过了一个口令或被其他狗狗分散了注意力，不要着急。听从驯犬师的指导，专注于眼前的事。

尊重其他狗狗的个性。就像人类一样，狗狗也有不同的个性，有些很友好，有些很害羞，有些很霸道，有些容易激动。要在获得允许后，再去抚摸其他狗狗或让你的狗狗接近其他狗狗。

在社交软件上记录学习动态。在社交软件上发布狗狗的最新学习动态，记录狗狗成长的每一刻。

你的狗狗是"天才"吗？

你的狗狗是"天才"，还是"普通学生"？当然，无论你的狗狗智商高低，你都会爱它，但不妨试试这个有趣的犬类智商测试。你需要一个 12 连杯麦芬模具、一把零食和 12 个网球。

1. 让狗狗坐在麦芬模具前。

2. 在 6 ~ 7 个麦芬杯里放上零食，确保狗狗看到你放零食。

3. 用网球将所有的杯口盖住。

4. 让狗狗找出放在麦芬杯里的零食，并计时，看看它找到所有的零食用了多长时间。用时越少，说明狗狗越聪明。

狗狗胡萝卜麦芬

　　这款胡萝卜麦芬对你来说可能不够甜，但它很适合狗狗，狗狗可不会介意胡萝卜麦芬上面没有糖霜！14 千克以下的狗狗每天可以吃半个麦芬，14 千克及以上的狗狗每天可以吃 1 个麦芬。

食材（可制作 12 个麦芬）

1/2 杯水	1 汤匙蜂蜜
1 根大的胡萝卜	2 杯全麦面粉
（切碎）	1/2 茶匙泡打粉
1 个鸡蛋	1/2 茶匙肉豆蔻粉
1 根熟透的大的	1/2 茶匙肉桂粉
香蕉（捣烂）	适量食用油
1/2 茶匙香草精	

步骤

1 将烤箱调至 180℃，预热 10 分钟。准备一个 12 连杯麦芬模具，每个麦芬杯中涂少量食用油。

2 把水、胡萝卜、鸡蛋、香草精和蜂蜜放在一个碗中，充分混合，加入香蕉泥，搅拌均匀。

3 将全麦面粉、泡打粉、肉豆蔻粉和肉桂粉放在另一个碗中，混合均匀。

4 将两个碗里的食材混合在一起，充分搅拌。

5 将混合物倒入麦芬模具，使混合物占麦芬杯的 3/4。将模具放入烤箱，烤 20 ~ 25 分钟。用牙签插进麦芬中心再拔出，如果牙签上无面糊，就说明麦芬烤好了。

6 将烤好的麦芬脱模、放凉。你还可以在麦芬上涂一层"狗狗布朗尼糖霜"（见第 107 页）。

厉害的技能

在你的狗狗能够听懂基本口令后，你就可以开始教它各种厉害的技能了。狗狗掌握的技能越多，它就越有兴趣学习新的技能！你知道多少，它就能学会多少，一切都取决于你。每天花几分钟训练你的狗狗，每次训练都专注于一项技能。

在接下来的几页中，我将介绍一些你可以教给狗狗的、绝对会令它获得夸奖的技能。

科娜有话说

我们狗狗活在当下。我们不会追忆过去，也不会畅想未来。我们很擅长原谅和忘记，所以我们会尽情享受和你一起玩耍的时光，希望你也喜欢和我们待在一起！

真高兴遇到你，亲爱的！

握手

教狗狗打招呼。你可以先教它最基本的握手动作，然后再教它更厉害的挥手动作。

1 让狗狗面对着你坐下。用左手举起狗狗的右前爪，举起的同时说"握手！"，并给它零食作为奖励。多次重复这个过程。

2 左手掌心放一块零食，左手慢慢向狗狗的右前爪靠近，但不要碰到它的爪子。如果狗狗只是闻了闻零食，你不要动，耐心等待，直到它意识到你想让它抬起爪子。

3 当狗狗抬起爪子时，迅速地用右手握住它的爪子，夸奖它，并给它零食作为奖励。如果它迟迟不抬爪子，你要重新回到步骤1。只要狗狗抬起爪子，你就要夸奖并奖励它，这样它就会把奖励和握手联系起来。

挥手

当狗狗学会握手动作后，你就可以教它更讨人喜欢的挥手动作啦！

1 不要直接挥动狗狗的前爪；要一边说"挥手！"，一边慢慢地在狗狗面前挥动零食，鼓励狗狗抬起前爪够零食。

2 如果狗狗挥动了前爪，哪怕只挥动了一下，你都要夸奖它，并给它零食作为奖励。重复训练，这样它就会明白你想让它来回挥动前爪。

3 你可以等狗狗多挥动几下前爪后再奖励它。不过，不要期待它能一直挥动前爪！

8 字绕腿

　　如果狗狗很喜欢跟在你身边，那么它也许很快就能学会这项技能。你的目标是：让狗狗在你的双腿之间按 8 字形绕圈。要想实现这个目标，你要将训练分成若干阶段。

1 让狗狗靠近你坐下，面对着你，你分开双腿站在它面前。

2 左手拿零食，将左手从背后伸到双腿之间，让狗狗能看到零食。对它说"绕圈！"，鼓励它从你的双腿间穿过去吃零食。

3 当狗狗成功穿过时，夸奖它并给它零食作为奖励。一开始，你只需让狗狗从你的双腿间穿过即可。

4 在狗狗学会步骤 3 的动作之后，让它坐在你的右侧，并抬头看着你，你仍左手拿零食。

5 左腿向前迈一大步，将左手从身体外侧伸到双腿间，吸引狗狗从你双腿间穿过。如果它一开始不明白你的意图，你就先拿着零食凑近它一点儿，再慢慢地将零食拿远。

6 让狗狗跟随你的手前进。当它成功从你的双腿间穿过后，夸奖它并给它零食作为奖励。

7 右手拿零食，迈右腿，重复步骤5和6的动作。要缓慢地向前迈步，且迈出的腿和拿零食的手在同侧。只要狗狗成功从你的双腿间穿过，你就要奖励它。当它总能顺利地从你的双腿间穿过后，你就可以连续走几步再奖励它。

8 当狗狗可以在你的腿间来回穿梭后，你可以加快迈步速度，让动作更流畅。你会觉得自己就像乐队指挥，只不过你手里拿的不是指挥棒，而是零食。无论如何，你的努力一定是有回报的，狗狗这个有趣的技能一定会让你的朋友惊叹！

问问宠物医生吧！

为什么狗狗这么贪玩？

里根（8岁）
美国华盛顿州

狗狗确实都很贪玩！玩耍的行为可以追溯到它们的祖先——狼（准确地说，是狼的幼崽）。狼的幼崽十分喜欢玩耍，它们通过玩耍学习狩猎。狗狗的玩耍行为其实就是模仿捕猎的行为。例如，狗狗会先一动不动地观察一个玩具，然后猛扑过去抓住它；或者兴奋地追赶被抛出的球。玩具对它们来说就是移动的猎物！

不同品种的狗狗喜欢不同的玩具或游戏，比如边境牧羊犬非常热衷于追赶移动的玩具；比格犬对寻找物品的游戏（寻找藏在草坪里的袜子或网球）更感兴趣。这与它们的特性有关。

马蒂·贝克尔博士
美国爱达荷州

亮肚皮

如果你的狗狗喜欢让你抚摸它的肚子，并能听懂"趴下！"，你就可以教它亮肚皮或者打滚了！

1 让狗狗面对你趴下。跪在它面前，一只手握着零食，举到狗狗头的一侧。

2 将拿着零食的手缓慢地移向狗狗的肩部并对它说"亮肚皮！"。当狗狗的鼻子跟着你的手移动时，它会顺势侧身翻倒，夸奖它并给它零食作为奖励。

3 如果狗狗在听到口令后能顺利地侧身翻倒，你要将拿着食物的手移到它的另一侧。为了使它的鼻子继续跟随你的手，狗狗会翻身。刚开始的时候，狗狗可能翻不过身，你需要帮助它。

4 一旦狗狗翻过身来亮出肚皮，你要立刻夸奖它，并给它零食作为奖励。当狗狗能熟练地按照你的口令翻过身来肚皮朝上后，你就可以将口令与手在空中划圈的手势结合起来，这样它就可以在你只做手势的情况下亮肚皮啦！

DIY
美丽的项圈
（仅用于盛装打扮的场合）

把五颜六色的塑料积木块粘在狗狗的项圈上（最好用热熔胶）。

将旧的布腰带、领带或其他空心布带的两端剪掉，将其穿在项圈上，堆出漂亮的皱褶，并固定好。

把一条旧领带剪成两段，将项圈穿进
较窄的那段，将较宽的那段系在项圈
上并垂下来。

将各式各样的纽扣、珠子或其他小饰
品缝在或粘在项圈上。

将一些绒球或
一个大蝴蝶结
粘在项圈上。
（图中的项圈是
用一条旧皮带
裁剪而成的。）

"汪星人"
知识小测试 3

1. 为什么狗狗会把食物藏在院子里或沙发坐垫下呢?

    A. 它们觉得应该把好东西藏起来"以备不时之需"

    B. 它们喜欢食物埋在地下后的味道

    C. 它们不愿意与其他狗狗分享自己的食物

    D. 以上选项都对

2. 以下哪个选项不是狗狗打哈欠的原因?

    A. 它们被嘈杂的声音吓到了

    B. 它们和你玩游戏后累了

    C. 它们看到你放学回家,感到很兴奋

    D. 它们厌倦了玩重复的游戏

3. 众所周知，狗狗很嘴馋。以下哪种人类的食物不可以给狗狗吃呢？

A. 葡萄

B. 胡萝卜

C. 苹果片

D. 烤鸡肉

4. 为什么狗狗会在臭烘烘的东西上打滚？

A. 它们想用臭烘烘的气味掩盖自己的气味

B. 它们不喜欢自己身上宠物沐浴露的气味

C. 以上选项都对

D. 以上选项都不对

（答案见第 133 页）

和狗狗一起出门

　　一些狗狗喜欢待在家里，但更多的狗狗认为有你的地方就是家。和狗狗一起远足或者自驾旅行吧！对你的狗狗来说，最重要的不是去哪里，而是能和你一起共度美好时光。

　　让你的狗狗与其他狗狗交朋友，在狗狗乐园安全地玩耍，体验多彩的大自然，成为宠物友好餐馆和酒店的小客人，参加狗狗派对……现在就行动起来，做好准备吧！

狗狗的"闻臀"礼

无论是和人初次见面，还是和好朋友见面，你都会打招呼，你们可能会握手，也可能会击掌。但当两只狗狗见面时，它们可不会握爪，狗狗打招呼的方式是闻对方的屁股！在我们人类看来，这种行为既粗鲁又恶心，但在狗狗的世界里，这可是最高礼仪。

社会化程度高的狗狗在结交朋友或向老朋友打招呼时，会闻对方的屁股。通过这种方式，它能知道对方的性别和年龄、对方最后一餐吃了什么、心情怎么样（快乐、悲伤或害怕）、健康状况如何……狗狗的这项"超能力"是不是很酷？

因此，在你的狗狗结交朋友时，让它尽情地闻对方的屁股吧！但要注意，有的狗狗觉得它必须保护自己或主人，因此有可能攻击陌生的狗狗。所以，如果你的狗狗很喜欢结交朋友，在它靠近陌生的狗狗之前，你要先确认这只狗狗是可以亲近的。

为狗狗系上牵引绳。当你的狗狗系着牵引绳，有一个人带着同样系着牵引绳的狗狗走过来时，给它们一个机会行"闻臀"礼。把牵引绳稍稍放松，这样它们就有机会来观察和嗅闻对方。如果它们友好地打了招呼，就表扬它们。可以的话，让两只狗狗并排走一段路，这样做可以增进它们对彼此的了解。

我好开心！
一起来玩吧！

　　狗狗感到害羞焦虑。假如你的狗狗在接近其他狗狗时表现得犹豫不决，甚至显得焦虑不安，比如开始舔嘴唇，蹲下让自己显得很不起眼，或者躲到了你的身后，这些信号都是在告诉其他狗狗，自己只想做小跟班，不想当领头"狗"。

　　在这种情况下，让两只狗狗间隔一两米远坐下。同时，你要尽量表现得平静——记住，狗狗是解读我们情绪的专家。如果你表现得从容淡定，你的狗狗便会感到安心。

　　狗狗过度兴奋。假如你的狗狗总是精力充沛、兴致勃勃，当一只系着牵引绳的狗狗靠近时，你的狗狗会欢蹦乱跳或快乐地"嗷嗷"叫，这时你要在两只狗狗碰头之前，降低它的兴奋度。如果这只狗狗是老年犬，它可能不喜欢这种过于热情的打招呼方式。

你可以试试这个方法：用你的身体挡住你的狗狗，将它的视线遮住一部分，然后掏出一些零食来分散它的注意力，并命令它坐下。如果你的狗狗仍然非常激动，你无须担心，微笑着向对方解释：你的狗狗傻里傻气、精力过剩，没法冷静地打招呼。随即，你带着狗狗快速走开即可。

看穿狗狗的心情

并非所有狗狗都喜欢陌生的狗狗

接近自己。虽然你的狗狗可能有一些狗狗朋友，但它也会对陌生的狗狗表现出敌意。你的狗狗也有可能热情、友好，但在遇到性情高傲冷淡的狗狗时却不知所措。所以，当陌生的狗狗靠近你的狗狗时，你要注意安全，小心为上。

当两只狗狗的距离近到足以闻到对方的气味之前，你要先观察一下它们的反应。如果发现情况不太对劲，你可以带着你的狗狗转身向相反方向走或过马路，避免两只狗狗正面相遇。

在遇到陌生的狗狗时，友好、外向的狗狗会：

* 身体放松；
* 张开嘴，露出快乐的表情；
* 避免直视陌生的狗狗；
* 摆出邀请玩耍的姿势；
* 放松地摇晃尾巴。

在遇到陌生的狗狗时，紧张或好斗的狗狗会：

* 舔嘴唇；
* 将尾巴夹在后腿之间；
* 躲在主人身后；
* 低声咆哮；
* 身体僵硬，嘴紧闭；
* 紧紧盯着陌生的狗狗；
* 向陌生的狗狗扑去。

如何评估狗狗乐园？

你喜欢在学校的操场玩吗？你喜欢在游乐场玩滑梯、荡秋千吗？这些活动都很有趣！其实，狗狗也喜欢游乐场，它们的"操场"和"游乐场"就是狗狗乐园。

狗狗乐园是一片用栅栏围起来的区域，你的狗狗可以在里面不受束缚地与其他狗狗一起探险、奔跑和嬉戏。

作为狗狗最好的朋友，你要谨慎一点儿，不要随随便便就带它进入一家狗狗乐园。好的狗狗乐园应该有使用规则的提示板，你要先阅读这些规则，然后看一看、听一听，考察一番。

好的狗狗乐园是什么样的？

* 狗狗在里面快乐地吠叫。
* 狗狗在里面友好地玩耍。
* 有足够的空间让狗狗自由活动。
* 狗主人可以在一旁看着自己的狗狗或与狗狗玩耍。
* 地面是草地或其他合适的材料（而非石板地或泥土地）。

糟糕的狗狗乐园是什么样的？

* 狗狗在里面咆哮或大叫。
* 一些大狗会追赶受惊的小狗。
* 狗狗太多或空间太小。
* 狗主人在看书或玩手机，而非注意自己的狗狗。
* 有幼儿在栅栏内玩耍，甚至还拿着食物。

有些狗狗可能不喜欢去狗狗乐园，这也很正常。你的任务是在带狗狗进入狗狗乐园之前，留意它的肢体语言。如果它向后拽牵引绳，发出"哼哼唧唧"的声音或原地坐下，那么它在告诉你，它觉得进去不安全。在这种情况下，你就不应该强迫它进去了，直接启动"备用计划"：带狗狗去散步。

请帮帮我！

90

科娜有话说

　　我喜欢在狗狗乐园里结交朋友。雅顿能放心地让我在狗狗乐园里玩耍的原因之一是，只要她呼唤我，我就会乖乖回到她身边，即便我正和其他狗狗玩得不亦乐乎。

　　你一定不希望你的狗狗一玩起来就"乐不思蜀"，所以在带它去狗狗乐园之前，最好对它进行召回训练！

一起出行

当你问狗狗"想去……吗？"的时候，相信大多数狗狗都会兴奋地跳跃、摇尾巴，希望和你一起出行。它们不介意去哪里，即使目的地只是街角的商店。

为了让你的狗狗在车内安全地待着，我有几条建议。无论你和狗狗是在市区兜风，还是去各地旅行，你都可以参考这些建议。

培养狗狗的耐心。一开始，带着幼犬或你新领养的狗狗进行 10 分钟以内的"短途旅行"，为之后的长途旅行奠定基础。随后逐渐延长外出的时间，以培养狗狗的耐心。

确保狗狗在车内的安全。如果你的狗狗可以一直待在笼子里，那是最好的！你可以给它穿上能和汽车安全带连接的背带。狗狗应该待在汽车后座上，或者汽车后部被隔开的区域。当狗狗待在车里的时候，你一定要把牵引绳系在背带上。在下车之前，你要先抓住牵引绳，再帮它解开安全带。在这个过程中，你可以使用"坐！"或"停！"口令。

佩戴身份牌。你的狗狗应该戴上有身份牌的项圈，身份牌上面写着你的电话号码。你也可以与宠物医生商量能否为它植入一个"身份证"——芯片。芯片非常小，只有米粒大，宠物医生通常将其植入狗狗的肩部（这个过程和打针一样快）。芯片录入了狗狗的名字、主人的信息和宠物医生的联系方式。万一你的狗狗走丢了，被当成流浪狗，大多数宠物诊所和收容所都有扫描仪，工作人员可以用它来读取芯片信息，这会大大增大你们重聚的概率。

带上旅行必需品。无论是进行短途旅行还是进行长途旅行，你都要带一根备用牵引绳、足够的塑料袋、一袋狗狗零食，以及你和狗狗都需要的饮用水。

和狗狗一起去餐厅

如今，越来越多的餐厅向宠物开放。无论你是去家附近的宠物友好餐厅，还是去旅途中的宠物友好餐厅，只有你的狗狗有良好的"餐桌礼仪"，你们才会受到欢迎。所以，最好先在家里训练你的狗狗，确保它在餐厅等公共场合表现良好。下面的建议能帮助你和狗狗拥有愉快的用餐体验。

饭前百步走。在去餐厅之前，你可以带狗狗快步走一会儿。这样做能消耗它的体力，在你享受美食的时候，它才更有可能在桌子底下安静地打盹儿。

观察餐厅环境。请服务员为你安排一个角落或远离入口的位置，这样可以尽量减少你的狗狗吠叫或试图嗅闻其他客人的机会。如果你和狗狗在白天去餐厅，要选择没有阳光直射的位置，并为狗狗带一个水碗。

管好你的狗狗。为了防止它与餐厅的客人发生冲突，请给它系上短的牵引绳，并且每隔一会儿都要对它安静趴着的行为进行奖励。不过，你也不要过高地估计它的耐心，狗狗可不喜欢在桌子下一趴就是几小时！

开心的"落水狗"

有些狗狗很爱玩水，无论是在泳池、湖还是大海边，它们都会兴奋地跳入水中。如果你的狗狗喜欢游泳、乘坐小船或皮划艇，甚至冲浪，那就太酷了！请注意下面的玩水安全提示，以确保你和狗狗在水中的安全。

你可以带狗狗去宠物友好水上乐园。重要的是，你要教它如何安全地入水和出水。一开始你和狗狗要在泳池的浅水区玩，并让它知道这是泳池的"安全区"。

当好狗狗救生员。在没有人监护的情况下，千万不要让狗狗进入泳池，并且泳池最好有门可以阻挡狗狗进入。你最好提前参加宠物急救培训，了解如果狗狗溺水了应该怎么做，并学习如何对狗狗进行心肺复苏和人工呼吸。

所有的狗狗都会游泳。不过，对那些身长腿短的狗狗（比如柯基犬和腊肠犬）、胸膛宽的狗狗（比如斗牛犬）

和短鼻子的狗狗（比如巴哥犬）来说，游泳还是一项有点儿危险的活动。如果你的狗狗碰巧是以上狗狗的一种，你又很想让它享受游泳的乐趣，那么你可以给它穿上犬用救生衣，帮助它浮在水中。在它练习划水时，你要稍微帮它支撑腹部，一定要始终守在它的旁边。

当你和狗狗一起坐小船、皮划艇或独木舟时，即便它是游泳高手，你也一定要给它穿上犬用救生衣。

避免狗狗晒伤。在狗狗游泳之前，在它的鼻子上部（不湿的部分）和裸露的腹部涂抹适合狗狗使用的防晒霜，以降低狗狗晒伤的风险。防晒霜要防水、快速成膜、不油腻。

在狗狗过度疲惫之前结束水中活动。有些狗狗非常喜欢玩水，或者热衷于捡拾水面上的树枝，因此它们不会自己主动停下来去休息。狗狗如果玩得太累会大口喘气，从而会呛水或因喝进太多的水而呕吐。

让狗狗在干净的水中玩耍。肮脏、杂质很多的水中可能有寄生虫，从而有可能导致狗狗腹泻或患上肠炎。所以，尽可能地让狗狗远离脏臭或漂浮着大量藻类的水。

徒步

如果你和家人喜欢徒步，你的狗狗肯定也想加入你们。不过，你要确定它有足够的体力来完成长时间的徒步旅行。行走相同的距离，体形小的狗狗走的步数更多，有可能更累。

做好准备工作。带上充足的水、可折叠的水碗、人和狗狗的食物、急救箱和塑料袋。挑选一条允许带狗狗徒步的小路，并遵守规定（有些路段允许狗狗不系牵引绳，有些则要求狗狗必须系着牵引绳）。

提防跳蚤和蜱虫。你一定不希望狗狗在徒步时被虫子叮咬吧！（阅读第 5 章，来了解健康护理对狗狗的重要性。）

给狗狗穿戴好。在出发之前，让狗狗戴上有身份信息的项圈，穿上颜色鲜艳、能反光的背带。将牵引绳系在背带的 D 形环上，这样你可以更好

地控制狗狗。为安全起见，避免使用有笨重塑料把手的伸缩式牵引绳，因为塑料把手更容易断裂，并且狗狗有可能距离你太远，从而脱离你的控制。

做好准备再出发。在你和狗狗开始徒步之前，要确保狗狗能做到以下两点。

1. 在系着牵引绳的情况下，狗狗能够很好地跟随你，不会拉拽牵引绳。因为有些小路上可能有较多石块，如果狗狗总是拉拽牵引绳，你很有可能因此摔倒！

2. 每当你呼唤狗狗时候，它都能迅速回到你身边。你可以先在一个封闭安静的地方训练狗狗，然后将训练场地换成没有围栏的空地，并离狗狗远一些，测试一下当你呼唤它的时候，它能不能立刻跑回来。

科娜有话说

如果忘了给你的狗狗带上水碗，你可以用塑料袋临时做一个，或者把水倒在你的棒球帽或手里。

啊，我仿佛已经喝到了清凉的水！

入住酒店

如果狗狗喜欢和你一起旅行并且能够遵守礼仪，你可以考虑让它参加一次家庭旅行，并带它入住宠物友好酒店。下面这些带狗狗旅行的建议能让你的旅行变得轻松有趣。

带上狗狗吃惯的狗粮。为了最大限度地减小狗狗腹泻或肠胃不适的概率，在出行期间你也要遵循它之前的饮食习惯，给它吃习惯的狗粮；并带4升水——瓶装水或从家里接的饮用水都可以；同时还要带上水碗和狗粮碗。每次停车休息时，都让狗狗喝点儿水。

准备好宠物用品。为了让狗狗在酒店房间里也有在家的感觉，一定要带上有它气味的日常用品，比如狗狗的床或笼子。当然，别忘了带上狗狗最喜欢的玩具！

遵守酒店的规定。许多宠物友好酒店都有一个重要的规定：不允许将狗狗单独留在酒店房间内。因为它们可能会狂吠不止从而干扰其他客人，或者因为紧张无聊而破坏房间内的设施。

预先了解当地宠物护理服务机构的联系方式和地址。提前打电话向酒店工作人员了解当地的宠物保姆或宠物托管中心的信息，在你和家人去狗狗禁止入内的地方时，你可以请宠物保姆或宠物托管中心帮忙照顾狗狗。

科娜有话说

我喜欢和雅顿以及我的猫咪朋友凯西一起自驾旅行。我们经常在宠物友好酒店过夜，所以我知道怎么做个受欢迎的小客人。下面是带宠物入住酒店的一些注意事项。

从家里带一条毯子或床单，如果你的宠物会和你一起睡在床上，就把毯子或床单铺在酒店的床上。

带几件你的宠物喜欢的玩具——但不要带会发出尖锐声音的玩具，以免影响其他客人。

带上纸巾和加酶的清洁剂，以便及时擦拭和清理宠物不小心留下的污渍。

带上宠物吃惯的食物。让宠物在卫生间里进食，而非客房的地毯上。同时，确保在卫生间没有人时马桶盖是盖上的。

在门把手上挂上"请勿打扰"的牌子，防止清洁人员突然敲门吓到宠物。

狗狗聚会

大多数狗狗都喜欢社交，那么为什么不为你的狗狗举办一场聚会呢？下面是一些可以举办狗狗聚会的理由。

* 庆祝领养纪念日；
* 庆祝狗狗的生日；
* 庆祝狗狗完成服从性训练课；
* 为本地动物收容所募捐；
* 举办万圣节化装比赛；
* 和狗狗乐园的伙伴聚会；

* 不需要特别的理由，只要你想，随时都可以举办狗狗聚会！

狗狗聚会能让狗狗在有趣的氛围中复习和巩固学到的口令和技能，但这样做也有一定的挑战性。有些狗狗在陌生或容易分散注意力的环境中，可能会忘记它们的训练成果，不过更重要的是让聚会上的人和狗狗都拥有一段愉快的时光。你可以给聚会设定

一个目标，比如增强你的狗狗对口令的服从性，或者让它在人多的场合的展示技能。

如何举办一场成功的狗狗聚会呢？我有一些建议。

设定预算。想一想，你有多少钱？你愿意为举办狗狗聚会花多少钱？

确定客人名单。要考虑你的狗狗的社会化程度、有多少人能帮助你管理场地、场地大小，并根据这些信息来确定邀请的人数。如果聚会地点是自己家的院子，那么你只能邀请几位客人（和他们的狗狗）。但如果聚会地点是允许狗狗进入的场地，如室内的狗狗乐园，那么你可以邀请10～12位客人。

定好日期。如果是在自己家的院子里举办聚会，那么你可以根据你和客人的空闲时间灵活安排聚会时间。但是如果你需要预定场地来举办聚会，那么你最好提早预订，以便客人尽早安排时间。

邀请信息要清楚明确。无论是邮寄邀请函，还是通过短信、电话、电子邮件或社交软件邀请客人，你都要清楚地告知客人聚会的举办日期、开始和结束时间（聚会时长2小时为宜）、地点，以及为什么举办聚会，并且请对方回复你是否参加。在选择聚会食物之前，要提前了解客人（和他们的狗）是否对某些食物过敏。

聚会的注意事项

* 要将聚会的场地划分为食物区、游戏区和狗狗厕所3个区域。
* 制订活动计划，不要在一场聚会中安排太多活动。
* 在为狗狗分蛋糕或零食时，一定要确保它们系好了牵引绳，并让它们相隔一定的距离坐好，避免发生"食物大战"。
* 如果你想给参加聚会的客人和狗狗送礼物，最好在聚会结束前留出时间来分发礼物。

科娜有话说

和你一样，我喜欢和我最好的朋友在一起玩——我指的是和我一样毛茸茸的狗狗朋友，比如我的姐姐布乔。虽然它比我体形大得多，但我们在每次长途旅行中都相处得非常愉快！

我还喜欢和我的弟弟奥利弗一起玩，它是一只9千克重的、精力充沛的混血犬。我们会在院子里互相追逐打闹，玩累了，我们就进入房间，喝几口水，然后趴在一起休息。

每当雅顿为我举办聚会，布乔和奥利弗绝对是我的座上宾。

好玩的聚会游戏

狗狗聚会的核心内容是有创意的游戏。以下游戏都很受狗狗的欢迎，并且在室内室外都可以玩。

史努比说

这是一个很好的聚会游戏，它可以帮助狗狗复习口令。

规则：主人和他的狗狗为一组，所有组排成一排，各组间隔足够的距离。每一组的主人依次喊"史努比说"+"口令"，其他组必须执行口令。例如，你说："史努比说，让你的狗狗坐下！"其他组的主人必须让他们的狗狗坐下。狗狗没有成功执行口令的组会被淘汰。但如果喊口令的人没有说"史努比说"这4个字，而直接喊口令，那么他和他的狗狗也会被淘汰。留到最后的一组获胜。

意志力大考验

这个游戏可以进一步训练狗狗听懂"停！"，同时考验狗狗的意志力。你要提前将香肠切成2～3厘米见方的块。

规则：主人和他的狗狗为一组，所有组排成一排，各组相距约1米，每组分到2～3块香肠。给所有参与游戏的狗狗系好牵引绳，让它们保持趴着的姿势。倒数3个数字，并开始计时。所有主人在计时开始后对自己的狗狗说"停！"，然后把一块香肠放在狗狗鼻子前大约30厘米的地方。主人不能触摸他们的狗狗或拉拽牵引绳。狗狗抵抗诱惑时间最长的一组获胜。

抢凳子

你需要一个音乐播放器和几个呼啦圈（或用绳子做的几个大绳圈）。将呼啦圈放在地上，圈之间留出足够的空间。

规则：主人和他的狗狗为一组，呼啦圈的数量应该比组数少一个。所有组排成一列，各组间隔相同的距离，所有参与游戏的狗狗都要系好牵引绳。播放音乐，当音乐响起时，所有组按相同方向绕着所有的呼啦圈行走，狗狗必须乖乖跟着主人走。音乐一停，主人必须一只脚踏进一个呼啦圈，并让他的狗狗在圈内坐下。每个呼啦圈只有一组可以进入。主人脚没有踏进呼啦圈或狗狗没有在圈内坐下的组被淘汰。每轮结束后，移走相应数量的呼啦圈，确保呼啦圈的数量比组数少一个。留到最后的一组获胜。

零食盲盒

当零食像瀑布一样从盲盒中落下时，狗狗一定非常开心。但是，不要在一群互不熟悉的狗狗面前"开盲盒"，以免发生"食物大战"。

材料

小纸箱

剪刀（或美工刀）

胶带、胶水（热熔胶或胶棒）

皱纹纸、海报纸和彩纸

结实的细绳

一块狗狗饼干和一些零食

步骤

1 制作盲盒的盒体。

A 剪下纸箱两个位置相对的底盖，留下其中一个备用。

B 将两个位置相对的顶盖用胶带粘成屋顶状。

C 将剩下的两个顶盖竖起来，按照屋顶的形状修剪掉多余的部分。

2 制作拉手。

A 在备用的底盖中央打一个小洞。

B 剪一根约 60 厘米长的细绳。将细绳穿进打好的小洞，在细绳一端打一个结，并用胶带固定。

C 在细绳未打结的一端牢牢地绑上一块狗狗饼干。

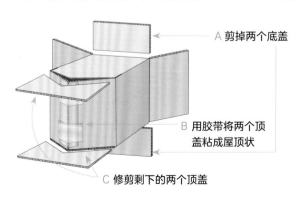

A 剪掉两个底盖

B 用胶带将两个顶盖粘成屋顶状

C 修剪剩下的两个顶盖

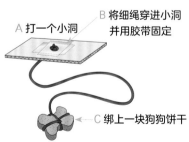

A 打一个小洞

B 将细绳穿进小洞并用胶带固定

C 绑上一块狗狗饼干

3 装饰和填充盲盒的盒体。

A 发挥你的创造力和想象力，用皱纹纸装饰盲盒。

B 将一根细绳从顶盖屋顶的一端穿入，从另一端穿出，将细绳两端系紧。

C 将盒体放倒，往里面放一些零食。

D 在合上底盖前，将步骤 2 中做好的拉手插入盒体底部，防止零食掉出来。将底盖盖好，并用胶带粘起来，但不要粘得太牢。试一试，看看用多少胶带最合适，既要保证底盖不会自动打开，又要保证能用拉手轻易将底盖拉开。

4 悬挂盲盒。

A 将海报纸或彩纸折成屋顶状（要比顶盖屋顶大一些），在折痕的两端各剪开一点儿，以便步骤 3 中的细绳穿过。

B 将折好的屋顶卡在细绳上，盖在顶盖屋顶上。

C 将盲盒挂在比狗狗稍高的地方。当狗狗跳起来叼住狗狗饼干时，底盖就会被拽开，盲盒中的零食会倾泻而下。

A 制作有窄缝的屋顶

C 挂好盲盒

B 将屋顶卡在细绳上

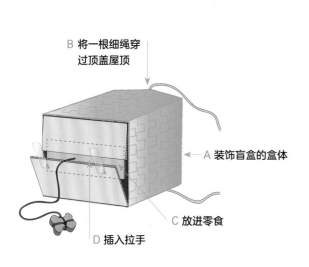

B 将一根细绳穿过顶盖屋顶

A 装饰盲盒的盒体

C 放进零食

D 插入拉手

更多有创意的盲盒

海报纸 →

1. 准备两张海报纸，将其剪成你想要的形状，将它们粘在一个有插舌的食品包装盒两侧上。

← 包装纸和薯片筒

2. 将一条缎带固定在包装盒上，便于悬挂。

3. 在包装盒里装些零食。

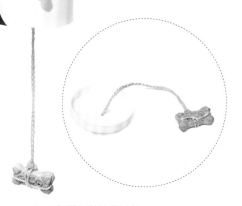

1. 用包装纸装饰薯片筒。

2. 在薯片筒里装些零食，将一端绑着一块狗狗饼干的绳子穿过薯片筒的盖子，另一端打结。将盖子盖在薯片筒上。

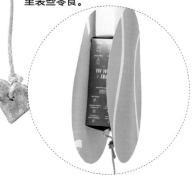

4. 将一端绑着狗狗饼干的绳子穿过有插舌的翻盖，并固定好绳子。合上翻盖，卡好插舌。

狗狗布朗尼蛋糕

当你端出可口的狗狗布朗尼蛋糕时，相信所有狗狗都会高兴地嗥叫起来。别担心，狗狗布朗尼蛋糕不含任何巧克力成分！14 千克以下的狗狗每天可以吃 1 ~ 2 块布朗尼，14 千克以上的狗狗每天可以吃 2 ~ 4 块布朗尼。

食材

1/2 杯植物油	4 个鸡蛋
2 汤匙蜂蜜	1 茶匙香草精
1 杯全麦面粉	1 茶匙泡打粉
1/2 杯角豆碎	适量食用油
1/4 杯角豆粉	

步骤

1 将烤箱调至 180℃，预热 10 分钟。准备一个尺寸为 23 厘米 × 33 厘米的烤盘，往烤盘中喷一些食用油。

2 把植物油和蜂蜜倒入一个中等大小的碗中，混合均匀。

3 继续加入全麦面粉、角豆碎、角豆粉、鸡蛋、香草精和泡打粉，搅拌均匀。

4 将混合好的面糊倒在烤盘中，将烤盘放入烤箱，烤 30 ~ 35 分钟。将牙签插进布朗尼的中心再拔出，

如果牙签上无面糊，就说明布朗尼烤好了。

5 将布朗尼放凉，你还可以涂上糖霜（见第 107 页）。

6 把布朗尼切成 2.5 厘米见方的块。用密封容器装好，放进冰箱冷藏。

布朗尼糖霜

食材

340 克脱脂奶油奶酪
1 茶匙香草精
1 茶匙蜂蜜

步骤

1 将脱脂奶油奶酪、香草精和蜂蜜倒在一个中等大小的碗中，用小型电动搅拌器搅拌均匀。

2 用抹刀将糖霜涂抹在晾凉的布朗尼上。

哇！
太棒啦！

好吃的肉丸

　　狗狗都喜欢吃肉。这是一个很棒的食谱,你可以在一些特别的日子,比如狗狗的生日或领养纪念日做肉丸给它吃。14 千克以下的狗狗每天可以吃 1 颗肉丸,14 千克以上的狗狗每天可以吃 2 颗肉丸。

食材

200 克切碎的牛肉或鸡胸肉

1/2 杯面包屑

1/2 杯切达干酪碎

1 根胡萝卜(切碎)

1 个鸡蛋(打好并搅匀)

3 汤匙低钠番茄酱

适量食用油

步骤

1 将烤箱调至 180℃,预热 10 分钟。准备一个烤盘,往烤盘中喷一些食用油,或在烤盘中铺上烘焙纸。

2 把除食用油外的所有食材倒进一个大碗,充分混合。

3 将混合好的食材团成一颗颗肉丸,放在烤盘上。

4 将烤盘放入烤箱,烤 15 ~ 20 分钟。若肉丸里面不再是粉红色的,就说明肉丸烤熟了。

5 将肉丸放凉,用密封容器装好,放进冰箱冷藏。

狗狗健康
守护者

养狗意味着你要扮演许多角色：食物保管员、铲屎官、遛狗员和狗狗的玩伴。

最后一个角色很重要，因为与狗狗玩耍是避免它变得太胖，以及因精力无处发泄而惹麻烦的最好方法之一。你还需要扮演一个重要的角色，那就是狗狗健康守护者，你得时刻注意狗狗的健康状况。

本章提供了帮助狗狗消耗精力的有趣方法、常用的狗狗健康护理技巧以及带狗狗去宠物医院的一些建议。

户外游戏大比拼

天气好的时候，多带你的狗狗去户外玩游戏吧！科娜最喜欢的 4 个游戏是捉迷藏、寻宝、取物、拔河。（这些游戏也可以在室内进行！）

捉迷藏

捉迷藏是一个帮助狗狗理解"过来！"口令的游戏。让你的一个朋友牵住牵引绳，你快速藏到一个狗狗看不见的地方，比如树后面或小棚子里。你呼唤狗狗的名字，并说"过来！"。当狗狗找到你后，夸奖并奖励它。

寻宝

你的狗狗知道它的玩具的名字吗？科娜知道它的橙色毛绒玩具叫"小

狐狸"，灰黑色毛绒玩具叫"小松鼠"。寻宝游戏可以同时锻炼狗狗的大脑和身体。

每天花几分钟时间向狗狗展示它喜欢的玩具，同时说出玩具的名字，如"这是小狐狸"或"这是小松鼠"；鼓励狗狗闻一闻、玩一玩这个玩具，并且在它玩玩具时，重复玩具的名字；在和狗狗玩取物游戏或捉迷藏时，你可以加上要找的玩具或人的名字，比如"去找……"或"带上……"。在几天里都和狗狗玩同一个玩具，直到它能将玩具和玩具的名字联系起来，然后再和它玩另一个玩具。

在向狗狗介绍了两个玩具的名字之后，把两个玩具相隔一两米远放好，让狗狗把其中一个拿给你，测试它是否记住了玩具的名字。如果狗狗选对了，就好好地夸奖和奖励它。如果狗狗连着好多次都能选对玩具，你就可以再向它介绍一个新玩具啦！

在户外玩寻宝游戏时，你可以把狗狗最喜欢的玩具藏在树后面、院子里或公园的某个地方，然后让狗狗寻找玩具（是否系牵引绳取决于规定和具体的安全情况）。

取物

大多数狗狗都喜欢追逐被扔出的球或飞盘。取物游戏是一个既能锻炼狗狗身体又能训练它们听懂口令的"超级游戏"。有些狗狗喜欢追着球或飞盘跑，但不愿意把球或飞盘叼回来交给你。你要教你的狗狗学会追逐、取回和放下物品。

要想教会狗狗取物，你需要两个相同的球（或飞盘）。当狗狗取回第一个球但不愿意放下时，把它叫回你身边，扔出第二个球。它可能就会放下第一个，去追逐第二个。

当狗狗取回第二个球时，你就拿起第一个，重复前面的动作。等到它能做到等待你扔球时，你就可以在扔球之前说"放！"了。一旦狗狗放下了嘴里的球，你就把球捡起，并给它零食作为奖励，再把这个球扔出去。它很快就会知道，只要放下嘴里的球，它就可以获得好吃的零食并继续玩游戏。

狗狗就像小朋友，如果一直被关在屋里，迟早会出问题的。当冬天地面被积雪覆盖时，你可以稍微改变一下取物游戏，用雪球来代替球。捏一个雪球并扔出去，让狗狗去追逐雪球。许多狗狗都喜欢在雪地上玩耍。

科娜有话说

最初，雅顿和我玩扔飞盘游戏时，我失败了好几次，飞盘常常撞到我的头，我无法用嘴巴接住它，我是不是很笨？你的狗狗可能在一开始也是如此，但没关系，只要你有耐心，先从短距离的投掷开始练习，你的狗狗的眼口协调能力就会逐渐提高。当它有进步时，一定要用开心的声音夸奖它："接得好！"

现在，我可以把飞盘叼回雅顿的脚边，然后在她扔出飞盘后飞奔过去，在空中跃起并用嘴接住飞盘。我非常、非常喜欢这个游戏！

拔河

　　准备一个结实的拔河玩具。注意，玩拔河游戏时，你的手和狗狗的嘴要保持安全的距离。

　　拿出拔河玩具时，先对狗狗说"坐！"。如果狗狗没有得到你的允许叼起了玩具，就对它说"放！"，当它放下玩具后给予它奖励。对狗狗说"拿！"，让它叼起玩具，和它玩拔河游戏。玩 10 ~ 15 秒，然后再对它说"放！"，让狗狗等到你再次说"拿！"后，继续玩游戏。

　　你要让狗狗知道，拔河游戏要由你来宣布开始和结束，这一点很重要。如果它拉得太用力或不听从"放！"口令，你就要马上停止游戏。

室内游戏乐趣多

冬天很冷，还有可能下雪，但这可不是让狗狗待在家的借口！如果你和狗狗因为糟糕的天气而必须待在室内，你可以试试下面这些有趣的室内游戏。

迷你障碍赛

将各种日常物品（比如纸盘、书或小枕头）作为障碍物，将它们摆在地上，让狗狗越过障碍物，它一定乐此不疲。

* 你和狗狗一起绕着地上的障碍物做8字形绕圈。
* 将扫帚放在两摞书或两个大罐子上，鼓励狗狗跳过扫帚柄。
* 把呼啦圈举到离地10厘米左右的高度，引导狗狗从呼啦圈中穿过。

有氧活动

这个游戏需要一个助手和一些零食。你和助手分别站在走廊或楼梯的两端，每人拿一些零食。让狗狗坐在其中一人的旁边，另一人用欢快的语气呼唤狗狗；当它开心地跑到另一人的身边时，就给它零食作为奖励。让狗狗来回多跑几次，这个游戏能让它得到很好的锻炼。

混合口令

连续对狗狗说"坐！"和"趴下！"，让狗狗做"俯卧撑"。你也可以将一系列口令串联起来，如"坐！""停！""过来！""趴下！""坐！""亮肚皮！"，让狗狗不断按照你的要求做动作。

下雨天很适合在室内训练狗狗听懂"停！"。你可以慢慢延长狗狗待在原地的时间。当它做得很好时，你要多表扬它，并给它零食作为奖励。

如何做一名狗狗健康守护者？

在养狗的过程中，你扮演的最重要的角色之一就是狗狗健康守护者。

那么，如何做一名狗狗健康守护者呢？很简单，你只要留意任何表明狗狗可能有健康问题的蛛丝马迹，然后向父母报告就可以了。

我举几个例子：你的狗狗平时总是精力旺盛，但是有一天，它突然趴在窝里不动，或者在你拿出玩具后没有反应；你的狗狗一向很贪吃，某一天却在开饭时只是闻了闻碗里的食物就离开了；你的狗狗频繁地挠痒痒，或啃咬自己的爪子；你的狗狗背上有一个鼓包，或腹部上有一块红色皮疹，但一周前还没有。这些都是你的狗狗健康出现问题的迹象！

你越早发现狗狗的健康问题，它就能越早得到治疗。这就需要你使出各种本领：用眼睛观察、用鼻子闻、用耳朵听和用手摸。

学习宠物急救

给予你的狗狗爱的最好方式之一，就是参加宠物急救培训。你通常可以和父母一起参加宠物急救培训。以下是你应该学习宠物急救的 3 个原因。

* 当狗狗生病或受伤时，你能够保持冷静和专注。
* 及早发现狗狗的健康问题。
* 你能够在紧急的情况下挽救狗狗的生命。

通过参加宠物急救培训，你将学会如何救助被噎住的狗狗，如何给狗狗受伤的爪子止血和包扎，如何喂狗狗吃药，如何对狗狗进行心肺复苏和人工呼吸，以及很多其他的宠物急救知识！

给狗狗进行全身检查吧！

每周对狗狗进行从头到脚的全身检查。这么做不仅能让你及时发现狗狗的健康问题，还能让你和它的关系更亲密。

在纸上画出狗狗侧面、腹部和头部的示意图。你可以一边做检查一边在图上的对应位置标出狗狗出现的问题，如伤口、肿块或皮疹，从而更好地将问题报告给父母和宠物医生。

把狗狗带到一个不会被人打扰的房间，比如卫生间或你的卧室，并关上门。接下来，请按照第 118 ~ 119 页介绍的检查方法为你的狗狗进行全身检查吧！

科娜有话说

你可以通过检查我们的牙龈来判断我们的健康状况，因为牙龈颜色是反映狗狗健康状况的重要标志之一，健康的牙龈颜色是泡泡糖的粉红色。（当然，狗狗不能吃泡泡糖！）

当雅顿轻轻掀起我的上唇，向学员演示如何检查牙龈时，我会很自豪地展示我洁白的牙齿和粉红色的牙龈。如果你的狗狗的牙龈呈白色、灰色、蓝色、鲜红色或黄色，那么它一定有健康问题了，你需要立即告诉父母，让他们联系宠物医生。

检查项目

在你画的示意图上标出你发现的问题，并告诉父母。每次完成检查后，一定要好好表扬你的狗狗！

检查要从"头"开始。摸摸狗狗的鼻子，健康狗狗的鼻子是干燥或略微湿润的；不健康的狗狗的鼻子极度干燥或粘满鼻涕（有点儿恶心）。

轻轻地把狗狗的两只耳朵向外翻，往它的耳道里看一看，并闻一闻。如果你看到了像咖啡渣一样的污垢或闻到了臭味，那么它的耳道可能长了耳螨或发生了感染。

拿着零食，在狗狗眼前慢慢地左右移动，看看它的头部和眼睛能否跟随食物转动。这一检查步骤也可以帮你确认狗狗的脖子是否僵硬。

观察狗狗的瞳孔大小是否一致。如果狗狗瞳孔大小不一致，那么它可能存在健康问题。

检查狗狗的腹部。它的腹部是否发红，是否有皮疹、肿块或鼓包。

慢慢地抚摸狗狗，从它的头部抚摸到尾巴根部。慢慢地、轻轻地按压狗狗的身体，如果它躲闪或反抗，这表明它可能肌肉疼痛或患有关节炎。

检查狗狗的爪子，观察肉垫上否有伤口，趾甲是否过长，脚趾之间是否有蜱虫（狡猾的蜱虫最喜欢藏在狗狗的脚趾缝里）。

轻轻抬起狗狗的尾巴，看看它的肛门是否发红或粘着干燥的便便。如果它经常在地板上蹭屁股，这表明它的肚子里可能有寄生虫。

检查狗狗的尾巴上有没有伤口或肿包。狗狗的尾巴由很多块小骨头组成，很容易在使劲摇晃时不小心撞到东西而受伤。

关注狗狗的排泄物和呕吐物

狗狗每天都要排泄，有时还会呕吐。通过关注狗狗的排泄物和呕吐物，你可以及早发现它的一些健康问题。

从便便开始

让我们从便便开始。健康狗狗的便便应该是棕色、圆柱状的，略微发软但容易（用塑料袋）拾起。如果你的狗狗拉出的是小而硬的颗粒状便便，那么它有可能患有便秘。如果狗狗的便便是红褐色水样便，那么它可能患有腹泻。

如果狗狗的便便非常臭，并且看起来像咖啡渣，这可能代表它有内出血。你要立即带它去看宠物医生！

留意尿液

尿液的状态可以反映狗狗的健康状况。健康狗狗的尿液应该是黄色的，且没有刺鼻的气味。棕色、橙色、粉红色或红色的尿液都说明狗狗有健康问题。你可以用白色的纸巾判断狗狗尿液颜色：对于雌性狗狗，当它在户外蹲下准备排尿之前，你可以将纸巾放在它身下；对于雄性狗狗，在它停下来并抬起后腿时，你要把握好时机用纸巾吸取它的尿液。

关注狗狗排尿的频率和尿量的变化。如果你的狗狗一直以来都很有规律地在室外上厕所，却突然有一天尿在了客厅的地毯上，这就说明它有了问题；

科娜有话说

对我们狗狗来说，腹泻和便秘是很严重的事。幸运的是，有一个小偏方可以解决狗狗的肠胃问题。每当我肠胃不舒服时，雅顿就在我的食物里加一勺南瓜泥。这样吃上几顿，我很快就恢复正常了。注意，一定要选择原味南瓜泥，而非你在做南瓜派时使用的特别甜的南瓜泥。

我要鼓爪感谢南瓜的力量！

如果你的狗狗只尿了几滴，那么它的尿道有可能出现了堵塞，在这种情况下你要立即带它去宠物医院看急诊！

狗狗为什么呕吐？

狗狗呕吐有很多原因。最常见的原因是吃了变质的食物、吃得太快、误食了有毒的植物和人类的药物，以及晕车。

当然，呕吐物很恶心。但是为了狗狗，你需要发挥自己的侦探本领，仔细观察呕吐物。如果狗狗偶尔呕吐一次，此外一切正常，那么你完全不用担心。但是，如果它呕吐不止，并且反应迟钝，不吃任何食物，你就应该带它去宠物医院检查。为了狗狗的健康，一定要注意它的饮食安全！

听听狗狗的心跳

狗狗的心脏位于它的胸部、两条前腿之间。将你的手掌放到这个位置，你就能感觉到它的心脏在"怦怦"跳动。下次带你的狗狗去宠物医院做检查时，你不妨问问医生是否可以让你用听诊器听一下狗狗的心跳。这是不是很酷！

健康狗狗的心率为每分钟60～140次，具体数值取决于狗狗的体形。小型犬的心跳一般比大型犬的快：吉娃娃的正常心率是每分钟100～140次，而拉布拉多犬的正常心率是每分钟60～100次。

问问宠物医生吧！

如果一只狗狗失去了一条腿，它要怎么行走呢？

杰克逊（6岁）
美国得克萨斯州

如果一只狗狗的腿部严重受伤或发生了严重感染，它就有可能需要截肢。我们人类在接受了腿部截肢手术后，通常会佩戴假肢。狗狗如果一条腿的一部分被切除，就会佩戴假肢。

然而，当狗狗失去一条腿时，多数情况下，它可以靠剩下的3条腿站立和行走。一般来说，"三足鼎立"的狗狗不需要假肢，但是它可能要花较长的时间才能重新站起来并行走。经过一段时间的适应，它通常可以像正常的狗狗一样快速前进。

失去后腿的狗狗可以用带轮子的工具车辅助行走。狗狗有强大的适应能力，它们真令人佩服！

迈克尔·罗萨索医生
美国得克萨斯州
弗里斯科宠物紧急护理中心

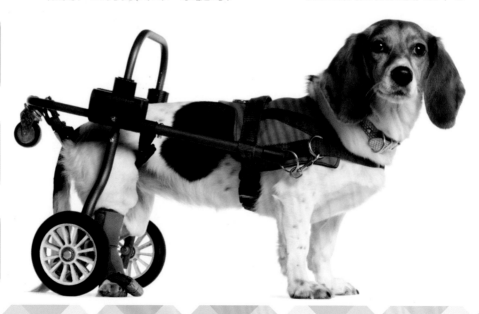

让去宠物医院不再那么可怕

尽管宠物医生都很爱狗狗，但狗狗却不太喜欢他们。对狗狗而言，去宠物医院看病往往是可怕的经历，它们会表现得很抗拒。下面的建议可以帮助狗狗减轻对看医生的恐惧感。

借助航空箱等为狗狗创造安全空间。 如果你的狗狗习惯于待在笼子这样的封闭空间，那么你可以把它放进航空箱。这样做不仅可以保证狗狗在路上的安全，还能让它在等待就诊时更有安全感。

让你的狗狗事先习惯航空箱。你可以往航空箱里放些食物，吸引它进去闻一闻。这样它就不会将航空箱和去宠物医院联系起来。

如果狗狗体形较大，无法待在航空箱里，你就要给它系上安全带。去任何地方你都不能忽视安全问题。坐车出行时，如果你的狗狗不喜欢待在航空箱或笼子里，你就要让它穿着背带并系好安全带，这是最安全的乘车方式。如果狗狗习惯了乘车，它就不会在去宠物医院的路上惊慌失措了。

让狗狗适应宠物医院的环境。 问问父母，你是否可以偶尔带狗狗去宠物医院待上几分钟，让它和医生护士熟悉一下。最好每隔一段时间就带它去一次，并给它一些零食作为奖励。几个月之后，你的狗狗就会把宠物医院当作一个好玩的地方了。

让狗狗始终待在你身边。在候诊时，让狗狗一直待在你的左右，不要让它太靠近其他宠物，特别是要离看上去暴躁的狗狗远一点儿。始终陪着狗狗，这样做能帮助它保持冷静。

用平静、愉快的语气说话，不要高声对狗狗说话。狗狗能很好地理解我们的情绪，你需要让它知道"一切都很好"。在狗狗看来，高声说话是没有信心、无法掌控局面的表现，这会导致它惊慌失措，变得紧张、害怕。

如果你的狗狗过度紧张或兴奋，你可以问问医院的工作人员是否可以在无人的检查室或回到车内等待。

吃点儿食物。询问医院的工作人员，你是否可以在检查时给狗狗吃点儿食物，以分散它的注意力。不过，你需要尊重医生的意见。有时候，你最好在狗狗感到紧张的时刻，比如抽血或验尿时离开。这样一来，你就成为在狗狗感到脆弱无助时及时出现并安慰它的大好人！

宠物友好治疗

越来越多的宠物医生认识到，有些宠物非常害怕进入候诊室或接受检查，于是他们在迎接和治疗宠物时，不再试图通过激烈的方式来控制它们，而采用更安全、更温和的方式。这种治疗方式被称为"宠物友好治疗"，旨在减轻宠物的恐惧感、压力和焦虑感，从而使医生可以进行更准确、更彻底的检查。

例如，在检查的过程中，小型犬会被放在检查台上的垫子上，以防它们在不锈钢检查台上滑倒；在给狗狗注射疫苗之前，医生会轻轻地对狗狗进行全面的治疗性按摩来帮助它们放松；在注射过程中，医生还会喂狗狗零食以分散它们的注意力。

问问宠物医生吧！

为什么要给狗狗刷牙呢？

科恩（11 岁）
美国艾奥瓦州

如果你不刷牙，你就会出现龋齿、口臭和牙龈疾病。对狗狗来说，虽然它们通常不会有龋齿，但不刷牙会导致狗狗患有其他牙科疾病。以下是保持它们牙齿健康的方法。

* 使用正确的牙刷。你使用的牙刷类型并不适合你的狗狗。针对狗狗的嘴部特点，它们的牙刷需要有长手柄和倾斜的刷头。对于小型犬，指套牙刷也不错。

* 要使用宠物专用牙膏，人类的牙膏可能会使狗狗生病。

* 给狗狗刷牙时要温柔、有耐心。

* 每年带狗狗去宠物医院检查它的牙齿并进行深度清洁。

现在就使用正确的宠物牙刷和牙膏，帮助你的狗狗保持牙齿健康吧！记住，在帮狗狗刷牙的同时，你还要让它享受这个过程。

德波拉·查尔斯医生
美国得克萨斯州卡萨琳达宠物医院

什么情况下应该带狗狗看医生？

除了像骨折、大出血，以及大面积创伤这样严重的情况外，出现下面的情况时，你也应该立即带狗狗去看医生。

* 无法行走。
* 呼吸困难。
* 从一两米高，甚至更高的地方摔下来，或从楼梯上摔下来。
* 有很深的伤口或被刺伤。
* 吃了有毒的东西，比如汽车防冻剂、老鼠药或人类的药物。
* 腹部肿胀、流口水但无法吐出东西（这可能是胃扩张－胃扭转综合征的症状，这是一种威胁狗狗生命的疾病，一些深胸的大型犬如果吃饭太快，就容易出现这种疾病）。
* 昏迷。
* 癫痫发作。
* 被蛇咬伤。

给"热狗"降温

　　狗狗在过热或运动时通常会气喘吁吁。如果狗狗太热了，它们喘气的频率会变快，幅度会变大。它们还会通过肉垫排汗，牙龈会变成鲜红色。如果你的狗狗出现了以上所有情况，它很有可能中暑了，这是非常严重的情况。

　　这时，你需要立即把狗狗带到阴凉处。将它的爪子一次一只地放在凉水里。有条件的话，你可以在它的腹部放一条凉凉的湿毛巾，隔几分钟就更换一次。千万不要使用冰水和冰块，那样很可能会刺激到它，导致严重后果！

宠物急救箱

家中常备一个急救箱是很重要的，别忘了也为你的宠物专门准备一个急救箱！你可以把本地动物保护协会或者宠物医院的电话号码贴在宠物急救箱上或者其他显眼的位置，以便及时咨询宠物急救和用药问题。

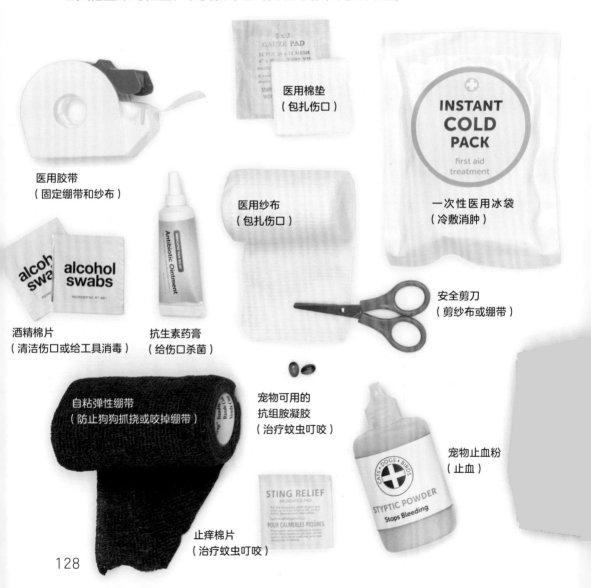

医用胶带
（固定绷带和纱布）

医用棉垫
（包扎伤口）

医用纱布
（包扎伤口）

一次性医用冰袋
（冷敷消肿）

酒精棉片
（清洁伤口或给工具消毒）

抗生素药膏
（给伤口杀菌）

安全剪刀
（剪纱布或绷带）

自粘弹性绷带
（防止狗狗抓挠或咬掉绷带）

宠物可用的
抗组胺凝胶
（治疗蚊虫叮咬）

宠物止血粉
（止血）

止痒棉片
（治疗蚊虫叮咬）

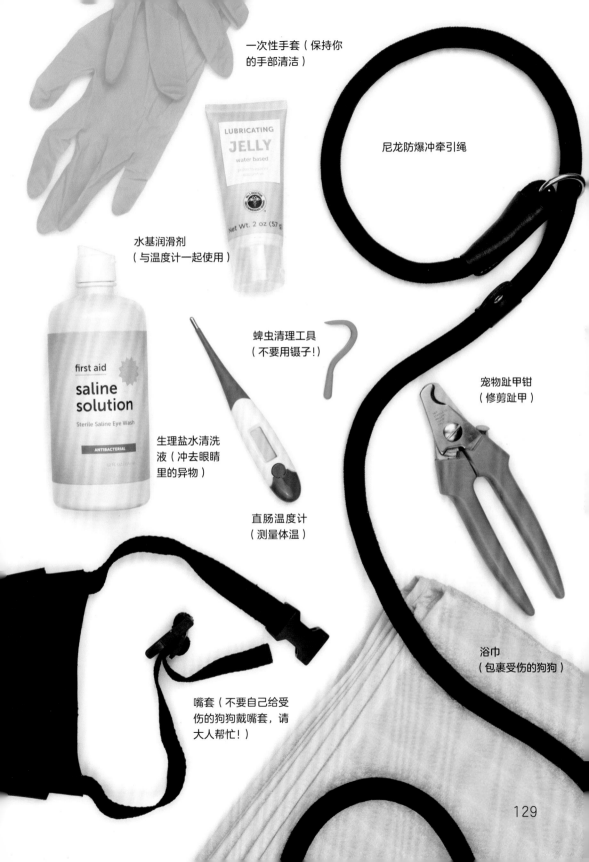

一次性手套（保持你的手部清洁）

LUBRICATING JELLY
water based
Net Wt. 2 oz (57 g)

水基润滑剂
（与温度计一起使用）

尼龙防爆冲牵引绳

first aid
saline solution
Sterile Saline Eye Wash
ANTIBACTERIAL

蜱虫清理工具
（不要用镊子！）

宠物趾甲钳
（修剪趾甲）

生理盐水清洗液（冲去眼睛里的异物）

直肠温度计
（测量体温）

浴巾
（包裹受伤的狗狗）

嘴套（不要自己给受伤的狗狗戴嘴套，请大人帮忙！）

129

别让节日变成“劫日”

你家可能会举办节日聚会和其他活动，并邀请很多人（和他们的宠物）来做客。在这些日子里，家人的活动和家里的装饰都与平时大有不同，这些变化可能会激发狗狗的好奇心，也可能会带给它压力。

那些亮闪闪的装饰品、彩带、蜡烛和干花都对狗狗有巨大的吸引力。

因此，为了避免让全家人的愉快节日变成带狗狗去宠物医院看急诊的“劫日”，请你牢记以下安全提示。

提前消耗狗狗的精力。 聚会之前带狗狗去散步，或者陪狗狗玩它最喜欢的游戏，如取物游戏或拔河。疲惫的狗狗惹麻烦的概率比较小。

让狗狗和客人打成一片。 一只友善、礼貌的狗狗可以和你在门口迎接客人。科娜就很喜欢坐着，伸出爪子向客人打招呼。你还可以让狗狗向客人展示一些技能。但是，如果你的狗狗兴奋过度，你就要带它出去走走，或者带它远离客人，让它冷静一下。

让狗狗躲起来。如果你的狗狗比较害羞，那么当家里有客人时，给它找一个让它有安全感的地方。在聚会期间，让它待在安全、封闭的房间，给它准备好食物（比如大骨头）、玩具等，让它有事可做。

谨慎选择装饰物。在装饰家里时，最好选择电子蜡烛，以免真正的蜡烛火焰和蜡油烫伤狗狗。不要用易碎的装饰品，因为碎片可能会划伤狗狗的爪子，甚至狗狗可能会咬碎它们而割破自己的嘴。

谨慎选择食物。在节日里，我们要有意识地把许多特殊的食物放在狗狗够不到的地方。不要把包装成礼物的食物放在地上，否则你的狗狗可能会去撕咬它们。如果你的狗狗平时就会去厨房的操作台或餐桌上偷吃食物，那么你要在客人用餐的时候把它关在一个安全的房间里。

常见的对狗狗有危险的食物有发酵面团、火腿和巧克力（其他危险食物见第 41 页）。

"汪星人"知识小测试 1 答案
（第 17 页）

1. A。人类味蕾最多，大约有 9 000 个。狗狗大约有 1 700 个味蕾，而猫咪只有 473 个味蕾。动物医学专家发现，狗狗有对水和脂肪很敏感的特殊味蕾，但它们对咸味不敏感。

2. D。灵猩身轻腿长，腿上就像长了弹簧一般。曾有一只名叫"飞翔的辛迪"的灵猩创造了 1.73 米的跳高纪录。

3. C。我们都知道，狗狗有绝佳的听力，它们的耳朵上有十几块肌肉，这使它们可以自由地活动耳朵。它们可以转动耳朵，接收来自四面八方的声音；它们会竖起耳朵表示自己感兴趣；在紧张害怕时它们会出现飞机耳。

4. C。巴仙吉犬源于非洲中部，被称为"无吠犬"。它们不会吠叫，只是偶尔嗥叫，因嗥叫声听起来像阿尔卑斯地区的约德尔歌曲（这种歌曲唱法的特点是真假音会迅速转换）而闻名。补充一点，选项 B 中的澳大利亚牧羊犬其实来自美国西部，没想到吧！

"汪星人"知识小测试 2 答案
（第 49 页）

1. D。当两只狗狗相遇时，互闻屁股是狗狗的见面礼，这一行为相当于人类的握手。狗狗是非常出色的嗅觉动物。事实上，它们的嗅觉比人类的强很多。狗狗的屁股上有肛门和肛门腺，这里产生的分泌物能提供关于其性别、在群体中的地位、健康情况、情绪和最近的饮食等信息。这太酷了！

2. B。狗狗在昏暗的环境中能比人类看得更清楚，这要归功于它们眼睛里的一层特殊的薄膜，这层薄膜使狗狗具有夜视能力。但是，在完全黑暗的环境中，狗狗是无法看到东西的。如果你家里有一只老年狗狗，那么你最好在夜里为它开一盏小夜灯，让它在夜里也能找到水碗。

3. C。狗狗和你一样用味蕾来分

辨味道。但是你有大约9 000个味蕾！你比狗狗更善于分辨出不同的味道，不过狗狗有特殊的味蕾用来分辨水和脂肪的味道。

4. C。一只雌性跳蚤仅仅一天就能产50枚卵！跳蚤最常见的藏身之处就是狗狗的脖子和尾巴根部。为了使狗狗免受跳蚤叮咬，别忘记定期用药物为它驱虫！

5. A。狗狗通常通过喘气来降温，但是它们的肉垫上也有汗腺。天热的时候，有些狗狗喜欢把爪子浸泡在水里来散热。

"汪星人"知识小测试 3 答案
（第84页）

1. D。尽管你已经为狗狗准备了充足的食物，但狗狗祖先的野外生活习惯还留在它们的基因里，因此它们会把吃剩的食物藏在隐蔽的地方，以备不时之需。此外，对狗狗来说，泥土会使食物的味道更好。而且，狗狗觉得藏起来的食物属于自己，就不用分享给别的狗狗了。

2. C。狗狗在兴奋时不会打哈欠。狗狗打哈欠有很多含义：如果环境非常吵闹，狗狗通过打哈欠来告诉你它感到焦虑或紧张；如果狗狗在训练时打哈欠，这代表它觉得无聊。

3. A。你可以把熟胡萝卜片、苹果片或烤鸡肉作为狗狗的零食，但千万不要喂它们葡萄。狗狗可能会被葡萄噎住；更可怕的是，葡萄（以及葡萄干）对狗狗来说是有毒的。

4. C。虽然科学家仍然没有找到狗狗喜欢在臭烘烘的东西上打滚的准确原因，但目前很多科学家都认为，狗狗用臭烘烘的气味来掩盖自己的气味，这样它们就可以偷袭毫无防备的猎物了。还有一个可能的原因是，狗狗不喜欢洗澡后身上留下的宠物沐浴露的气味，合成香精的气味会刺激它们敏感的鼻子。所以，最好用无香型宠物沐浴露给狗狗洗澡，这样它们就不会在洗澡后冲到后院，在它们认为更"香"的东西里打滚了！